光温室生产基地

拱日光温室内景

1

双拱日光温室结构与工作间

双拱日光温室前屋面结构

2

水泥骨架日光温室

钢管竹木混合结构温室

3

大跨度钢桁架日光温室

简易日光温室

4

日光温室的后墙通风窗及后屋坡保温板

日光温室室内照明设备

日光温室室内滴灌设备

日光温室室内滴灌设备

日光温室卷帘电动设备

日光温室卷草帘设备

7

日光温室卷帘被

日光温室示范基地

8

日光温室遮阳网

日光温室后屋坡保温板

日光温室采暖设备

日光温室采暖设备

日光温室臭氧传送管道

日光温室通风设备

11

日光温室工厂化育苗

日光温室种植番茄

北方蔬菜周年生产技术丛书①

北方日光温室建造及配套设施

主　编

陆帼一

副主编

程智慧

编著者

邹志荣　席丁民　李建明

林性粹　郭晓冬

金盾出版社

内 容 提 要

日光温室是近年来发展起来的保护地设施,它为实现我国"菜篮子"工程,特别是在解决北方地区蔬菜市场供应方面发挥了重要作用。为了更好地推广日光温室建造和利用的先进技术和先进经验,本书较系统地介绍了日光温室的发展概况、结构类型及性能特点,新型日光温室的设计与建造,新型日光温室的温度、光照环境及水分调控技术,新型日光温室的气体条件、土壤环境的调控技术。内容丰富,技术先进,实用性强,可供广大菜农、温室生产技术推广人员和相关农业院校师生阅读参考。

图书在版编目(CIP)数据

北方日光温室建造及配套设施/邹志荣等编著.—北京:金盾出版社,2002.9(2013.9 重印)
(北方蔬菜周年生产技术丛书)
ISBN 978-7-5082-2056-7

Ⅰ.北… Ⅱ.邹… Ⅲ.①温室-结构②温室-工程施工③温室-设备 Ⅳ.S625

中国版本图书馆 CIP 数据核字(2002)第 054247 号

金盾出版社出版、总发行

北京太平路 5 号(地铁万寿路站往南)
邮政编码:100036 电话:68214039 83219215
传真:68276683 网址:www.jdcbs.cn
彩色印刷:北京金盾印刷厂
正文印刷:北京凌奇印刷装订有限责任公司
装订:新华装订厂
各地新华书店经销
开本:787×1092 1/32 印张:5.375 彩页:12 字数:109 千字
2013 年 9 月第 1 版第 7 次印刷
印数:43 001~47 000 册 定价:10.00 元

序　言

　　我国北方幅员辽阔,自然资源丰富。随着社会经济的发展,人民生活水平不断提高,对蔬菜产品的要求正在向着周年均衡供应、优质、多样、安全的方向发展。广大农民也在积极寻求蔬菜高产、高效、优质的脱贫致富门路。北方传统的,一年春、秋两大季以大宗蔬菜露地栽培为主的生产方式,已远远不能满足人民生活水平提高的需要。解决北方蔬菜供应中存在的淡、旺季明显,种类、品种单一,商品质量差等问题,成为各级政府和蔬菜生产科技人员当务之急。在经过一段时间"南菜北运"的实践后,人们在肯定它在丰富北方消费者菜篮子所起重要作用的同时,也逐步意识到蔬菜"就地生产,就地供应"方针对改善北方城乡人民生活的现实意义。

　　蔬菜大多柔嫩多汁,不耐贮藏和运输。经过长途运输的蔬菜,其感观品质和内在营养成分难免有不同程度的损失。而如今的消费者越来越重视蔬菜的鲜嫩程度和营养价值,当不同产地的同一种蔬菜同时上市时,消费者往往更喜爱购买当地生产的,刚采摘上市的鲜菜。这就提出了北方蔬菜周年生产的必要性。

　　另一方面,随着保护地设施的改造和更新,地膜、塑料拱棚、日光温室和加温温室等在北方地区的迅速发展,随着遮阳网、防虫网、无纺织布等保温、降温、遮荫、防虫、防暴雨材料的推广应用,加上市场价格的杠杆作用,许多过去在北方很少种植的稀特蔬菜,或试种成功,或正在推广。在北方少数大、中城市郊区,蔬菜的生产方式和上市的蔬菜种类增多了,供应期延长了,淡、旺季矛盾缩小了。这就为北方蔬菜周年生产提供了可能性。

　　为了总结经验,进一步推动北方蔬菜周年生产的发展,更好地满足广大消费者和农村调整产业结构的需要,我们西北农林科技大学园艺学院的部分教师和科研人员编写了这套《北方蔬菜周年生产技术丛书》。丛书包括绿叶蔬菜周年生产技术、稀特蔬菜周年生产技术、根菜类蔬菜周年生产技术、甘蓝类蔬菜周年生产技术、瓜类蔬菜周年生产技术、茄果类蔬菜周年生产技术、豆类蔬菜周年生产技术、葱蒜类蔬菜周年生产技术及北方日光温室结构、建造及配套设备等共9册。丛书的编写力求达到内容丰富,理论与实践紧密结合,技术先进实用,可操作性强,文字简练,通俗易懂。因限于水平,难以满足读者的需要,书中难免有缺点错误,敬请读者批评指正。在这里,我代表全体编写人员,对丛书中所引用的文献资料的作者表示诚挚谢意。

陆帼一

2002 年 3 月 28 日

目　录

前　言

　　20 世纪 80 年代以来,具有中国特色的新型保护地设施——节能日光温室,在我国北方地区大面积地发展起来。特别是最近 10 年,我国西北地区节能日光温室发展迅速,面积逐年扩大,取得了显著的经济效益、社会效益和生态效益,不但解决了冬季鲜菜的市场供应问题,而且在相当一部分地区已成为农村经济发展的一项支柱产业,为广大农民发家致富开辟了新的途径。但是,目前日光温室在各地的发展尚不平衡。在一些地区,目前仍停留在小范围试验阶段;有些地区则是盲目照搬外地经验,声势搞得很大,日光温室面积增长过快,有的把原来的粮食作物基地改为大面积日光温室生产,加上缺乏有效的技术指导,因而导致减产、甚至失败的情况时有发生,极大地挫伤了广大农民从事日光温室生产的积极性,影响了这一新兴产业的健康发展和效益的发挥。

　　笔者在总结自身多年从事日光温室研究与技术推广经验的基础上,吸取国内研究与应用的新理论和新技术,编著了《北方日光温室建造及配套设施》一书,系统论述了日光温室的特点和建筑设计、环境控制的理论与技术,详细介绍了适宜北方,特别是西北地区推广应用的新型日光温室的类型、设计原理及环境温度、光照、水分、气体和土壤管理的原则及其配套技术。本书在编写上注重先进性、科学性和实用性,内容力求通俗易懂,便于正确掌握和推广应用,可供广大从事设施园艺教学、科研、温室生产技术推广人员和农业院校学生参考应用。

　　由于水平所限，书中错误、疏漏之处在所难免，敬请广大
读者批评指正。

编著者

2002 年 4 月

一、概　述

（一）日光温室发展概况

　　北方日光温室是 20 世纪 80 年代中期总结和推广辽宁省大连市瓦房店和鞍山市海城等地日光温室生产经验而建立的一种新型设施栽培类型。这种温室在北纬 40°～41°地区,冬春季栽植黄瓜可完全不加温,可在 1 月份上市,7 月初拔秧,采收期 160 天左右,每 667 平方米（1 亩,下同）产量、产值双跨万〔每 667 平方米产量超万斤（5 000 千克）,产值愈万元〕,为缓解北方,尤其是"三北"地区冬春季鲜菜供需矛盾开辟了重要途径。这是我国园艺史上的一个重大突破,创出了一条高效节能的新路子。

　　这种新型日光温室蔬菜栽培的重大意义,在于首次在严寒的冬季不加温生产出了黄瓜、番茄、辣椒、西葫芦等喜温性蔬菜,从根本上解决了北方喜温性蔬菜反季节和超时令生产与供应问题。这不仅满足了冬春季节人们对高质量鲜菜的需求,而且减少了"南菜北运"的昂贵代价,不仅可减少生产成本和能源,而且为农民脱贫致富创出一条新路子。据专家测算,如果采用过去加温温室生产鲜菜,耗煤量和投资是相当大的。在北纬 35°地区加温温室冬春生产黄瓜,每 667 平方米耗煤量为 30～40 吨,每吨煤按 100 元计算,共需 3 000～4 000 元煤炭费。北纬 45°地区,加温温室冬春生产黄瓜,每 667 平方米耗煤 60～70 吨,共需 6 000～7 000 元煤炭费。如此高的成本难以推广。其实,我国北纬33°以北广大地区,冬春季降水少,连阴天出现频率低,日照百分率高,适宜发展高效节能型日光温室蔬菜生产。所以,当这种新型节能型日光温室试验成功后,立刻引起全国园艺界的瞩目,各地纷纷组织到瓦房店、海城参观考察,使这一重大技术成果在短短几年的时间里,不仅在辽宁省内各地得以推广,而且先后在山东、北京、河北、河南、江苏、山西、陕西、甘肃、内蒙古、宁夏等地的部分地区试验示范成功。

1990年10月,全国农业技术推广总站正式发出45号文件,提出全国农业厅(局),要积极开发日光温室蔬菜高效节能栽培技术,并要创办示范点,以点带面,扩大示范,生产适销对路的冬鲜菜品种,使北方冬鲜菜供应状况得到明显改善。随后,在海城召开"三北"地区日光温室学术讨论会,1991～1992年成立了日光温室蔬菜技术协作网,先后在辽宁省熊岳农校、山西夏县、河南周口地区举办了9期培训班,培训了3 000余名科技人员。

日光温室就其完善程度而言,与国外的现代化温室无法相比,但其造价低廉,是国外温室相同面积造价的1/10,甚至1/50,不仅符合中国国情,而且经济效益与社会效益十分显著,因此发展非常迅速。据北京、天津、辽宁、山东、河北、陕西、甘肃、宁夏、山西、内蒙古等地不完全统计,1990～1991年度塑料日光温室发展到0.52万公顷,1993年底已发展到2万公顷,1994年底已突破3.33万公顷,1995年10月份已超过6.67万公顷,到1999年底塑料薄膜温室总面积已达36.7万公顷,其中节能型日光温室已发展超过20万公顷。所以,日光温室生产已是我国北方广大地区蔬菜保护地生产的主流,而且越来越成为振兴当地经济的主导产业。

（二）新型日光温室的特点与研究现状

1. 新型日光温室的特点

（1）设计合理

新型日光温室是指以太阳辐射为热源，靠加厚墙体、防寒以及利用纸被、草帘等进行御寒保温的一种单屋面结构形式。与普通日光温室相比，有以下三个方面的突出特点：

①采光面角度大 一般前屋面角为 24°～35°，比普通温室提高了 5°～7°，这将大大增加阳光进入温室的透光率。据温祥珍等人测试，温室屋面角从 10°增加至 35°时，透光率在冬至前后相差 24.84%～29.54%，大约每增高屋面角 1°，室内透光率增加 1%左右。同时热量相差 3047.91～4508.99 兆焦/天·667 米²，相当于 178.21～256.59 千克/天·667 米² 优质煤，大约每增高屋面角 1°，室内热量增加 121.92～180.36 兆焦/天·667 米²。可见，通过改善屋面角，提高光能利用率，增加热量，实现节能栽培是切实可行的。另外，后屋面仰角增大为 30°～45°，保证了在冬季时太阳光能照射到后墙上，所以室内光照好，温度高，室内气温白天能保持 20℃左右，即使是严冬时节气温也不低于 8℃。

②加大墙体及后屋顶厚度，增加了温室的保温蓄热能力 这种温室墙体厚度依当地气候和建材而定，土墙为 80～150 厘米，砖墙为 50～72 厘米，后屋顶厚度为 40～60 厘米，再加上温室周围挖防寒沟，大大增加了保温能力。而普通温室土墙厚 30～40 厘米，砖墙厚 24～26 厘米，后屋顶厚度为 15～20 厘米。笔者在陕西省榆林地区测试结果表明，节能型

日光温室平均室温高于普通温室 6℃～8℃,热量相差 25.38 兆焦/时·667 米²。

③容积大,热容量增大,环境条件变化小　这种温室高度 2.8～3.2 米,跨度 6～8 米,高跨比为 1:2～1:2.5。这种结构不仅增大空间,而且透光好,保温性优良,热容量大,温室内气温不会因外界气候变化而忽上忽下剧烈变化。另外,这种温室立柱少,便于操作和多层覆盖,使生产环境大大改善。

除此以外,这种日光温室加厚草帘厚度,选用无滴防老化膜,增加内覆盖等措施,达到节省燃料、保温防寒的目的。利用这种温室冬季可以生产黄瓜、番茄、青椒、西葫芦等喜温性蔬菜,供应元旦和春节市场,获取较高的经济效益。

(2)取材方便,成本低

第一,北墙和东西墙,可采用土墙、砖墙、石墙、空心墙、加层墙等多种形式。

第二,后屋面可采用秸秆、竹木、柳条、板皮、泥草、炉渣及砖瓦水泥板结构。

第三,立柱檩条可采用木材、混凝土或钢材结构。

第四,采光屋面可采用竹竿、竹条、柳木、钢筋、钢管、铁丝等结构。这些材料因地制宜,造价较低,不会因结构改变过多而增加投资。

2. 新型日光温室的研究现状

近几年,为了完善日光温室优化结构和推广高产高效优质蔬菜栽培技术,许多农业院校、科研单位和生产单位投入了大量人力、物力,开展了日光温室生产若干问题的研究,其结果对于生产者来讲,有直接的指导作用。

(1)日光温室结构性能的研究

优化结构是节能型日光温室推广的首要内容。针对普通日光温室结构的缺点,主要通过对日光温室采光设计的理论分析,确定了不同纬度地区优化的采光屋面角度和优化的采光屋面形状,提出了相应的高跨比;在此基础上确定温室高度、跨度、采光屋面形状、墙体厚度、结构、后屋面倾角等建筑参数,从而为节能型日光温室的建筑设计提供了科学依据。其结论如下:

第一,北纬 40°左右地区,节能型日光温室适宜的采光屋面角度为 24°~30°。那么,温室后立柱至前屋底宽度应为 5.5米以上,温室最高点高度应为 2.8~3.6 米。

第二,后屋面仰角应不小于冬至正午时当地的太阳高度角,最好比当地冬至太阳高度角大 7°~8°。如西安地区,冬至太阳高度角为 32°18′,则后屋面仰角应在 32°~40°范围内为宜。

第三,温室跨度应为 6~8 米。过小时可利用面积太少;过大时会增加建材,降低采光屋面角度,保温也较困难。

第四,前屋面形状较好的是抛物线—圆—抛物线组合形和摆线形等曲面。

第五,后屋面投影为 1.0~1.5 米,所以当脊高为 3 米、后墙高为 2 米时,后屋面长度应控制在 1.4~1.8 米。过长后屋面冬季保温性能好,但一到 3 月份以后就会产生较大遮荫。

第六,墙体结构宜采用异质合墙,如内层为砖,中间填充干土、炉渣、珍珠岩、蛭石等,外层为砖或加气砖。厚度为 50~72 厘米,如采用土墙应在 80~100 厘米。

第七,覆盖材料保温性不同。草苫保温能力一般为 5℃~6℃,蒲席 7℃~10℃,双层草苫为 14℃~15℃,棉被为 7℃~

10℃,草苫加纸被为 8℃~9℃,草席加纤维布为 7℃~9℃。

第八,温室适宜的采光屋面方位。冬季太阳高度角低,清晨温度低不能提前揭草帘见光,而下午可以适当晚盖,所以,温室方位应为正南或南偏西 5°~7°。

(2)日光温室生产配套技术的研究

日光温室在冬季生产难度较大,所以开发一系列调节室内环境条件和作物生长的配套技术就显得特别重要。从目前研究的成果来看,总结优选出 10 项综合配套技术。

第一,选择无滴、透光、耐低温、防尘、抗老化的多功能塑料薄膜。同时注意选好内外保温覆盖材料,多方提高温室采光保温效果。

第二,选用良种,适期播种,配合良方,科学管理。

第三,推广嫁接育苗技术,提高作物防寒抗病能力。

第四,推广二氧化碳施肥实用技术,提高作物光合效能。

第五,推广膜下灌水技术,保证土壤湿度,降低空气湿度。

第六,合理应用反光膜,降低湿度,补充光照。

第七,选择实用小型水暖锅炉,低温天气时补充加温,提高日光温室生产安全系数。

第八,采用四程式变温管理,实现早熟高产。

第九,推广配方施肥,增施农家肥,提高产品品质和数量。

第十,采用以防为主的综合防病措施,生产无公害产品。

(3)日光温室主要蔬菜高产高效栽培技术的研究

为了使日光温室蔬菜高效栽培技术指标化、措施化、规范化,全国日光温室生产协作网对主要蔬菜和综合利用模式进行了研究,推出了一批高产高效典型技术,为大面积推广应用奠定了良好基础。如辽宁省大连市瓦房店李永群利用日光温室生产黄瓜,每 667 平方米产量达 16 351 千克,产值 32 128

元;大连普兰店市惟文国利用日光温室生产番茄,每667平方米产量达13 667.9千克,产值34 287.5元。"九·五"期间,中国农业科学院蔬菜所和中国农业大学分别推出番茄每667平方米产20 000多千克和黄瓜每667平方米产16 000千克的高产栽培技术体系。另外,还推出了温室周年生产双高模式,为综合利用提供了经验。如陕西咸阳的冬芹菜→春黄瓜→秋菜花和冬芹菜→春黄瓜→夏豇豆→秋番茄等双高模式。这样,既有冬茬、早春茬,又有春茬和晚秋茬,提高了温室利用率,保证了多品种、多茬次周年生产,提高了温室的经济效益。

3. 日光温室生产存在的问题

日光温室已推广多年,但有的地区却是几上几下,发展很不稳定。其存在的问题主要是:

第一,不能因地制宜、全面规划,盲目引进,缺乏理论依据。日光温室主要在北纬33°～45°、冬季阴天少、日照百分率高的气候区发展,这样才能保证日光温室生产的安全性,获得较高的经济效益。有的地区冬季气温不低,但是冬季长期是阴雨天,日照百分率低,如果一味追求大面积发展日光温室,结果是投资大,效益差,严重影响群众的积极性。据笔者调查,冬季当地日照百分率低于50%的地区,光照强度差,冬春温室生产风险大,应事先做好加温补光准备工作。

第二,温室结构不合理,保温措施较差。许多地区是由原来粮作基地改为蔬菜生产,缺乏基础知识,对日光温室结构设计了解甚少,往往是盲目搬用,随意建造,结果温室的屋面角度、高跨比、墙体结构都不符合当地气候条件,温室保温性极差,光照入射率低,冬季根本不能进行喜温性蔬菜生产。

第三,温室蔬菜生产技术难度大,必须是以调节温室温、光、水、气为管理中心，严格进行科学管理。比如，突然寒流来临、低温危害菜苗时，就必须采取加温和保温措施加强管理。但有许多地区一味追求日光温室不需要加温，结果没有补温设备，眼看着菜苗冻死。另外，许多人按照露地种菜技术去管理温室蔬菜，结果造成室内湿度大，病害严重，产量降低，甚至全部死秧无收。这些说明，管好日光温室要掌握一定的技术才行，盲目管理或者随大流都会导致失败。

第四，缺少日光温室的专用品种。应尽快选育出低温、弱光、高产、优质、抗病的蔬菜品种，应用于生产中。

第五，栽培蔬菜种类单一化的问题严重。许多菜农认为日光温室生产，就是春黄瓜栽培，结果不管当地气候条件变化，只种黄瓜，引起冻苗死苗，病害流行，大幅度减产现象屡屡发生。实际上，日光温室栽培蔬菜种类应提倡多样化，如豆角、草莓、菜花等蔬菜都可以栽培。这样，既能因地制宜、保证稳产高产，又能提高产值，丰富市场，是应该重视的问题。

第六，缺乏高产优质蔬菜生产技术标准化体系，导致产量低、污染严重、品质较差现象。因此，应推广无公害蔬菜量化管理技术体系，提高产品档次。

目前，日光温室这一新兴产业已得到蓬勃发展，这对于振兴当地农业经济、推动其他产业发展已起到重要作用。虽然它还有不足之处，但它的确在节省能源、提高效益、丰富市场方面显示出其优越性，只要掌握好管理技术，就会取得理想的效果。

二、新型日光温室的结构
类型及性能特点

新型日光温室的结构类型较多,其分类和名称尚不统一。若从前屋面形状上看,可大致分为两类:第一类是半拱圆形屋面,又称弧形采光屋面。这类温室采光面大,空间大,薄膜紧贴屋面,便于压紧。第二类是一坡一立式屋面,又称立窗式温室。这类温室建造容易,但前部较低,前屋面角小,空间较小,夜间保温较好。从建材上分,可分三大类:第一类是竹木结构。主要采用竹竿作拱架,圆木或水泥柱作立柱,是投资少的一类结构。第二类是水泥竹木混合结构。主要采用预制水泥混凝土模件作主拱架和立柱,间隔搭配竹木拱架。这类温室结构强度大,投资较小,使用寿命较长。第三类是钢管骨架结构。这类温室多采用无立柱大跨度桁架结构,配备砖墙,具有采光好、强度大、空间大、便于操作、使用寿命长等特点。但这类温室造价高。下面介绍几种性能好、实用性强的新型温室结构,以便推广应用。

(一)琴弦式日光温室

1. 结 构

图2-1所示是辽宁省瓦房店的琴弦式薄膜日光温室。这种温室跨度7米,中柱高2.8~3.1米,后墙高1.5~1.8米,前立窗高0.8米,后坡宽1.5~2.0米,墙厚0.8~1.0米,前屋面角度20°~25°,每3米安1道5~7厘米粗的钢管或粗竹

竿,在拱架上每 40 厘米间距横拉 8 号铁丝固定于东西山墙外的地锚上。在铁丝上每隔 60 厘米设 1 道竹竿作骨架,上面盖薄膜。这种温室跨度大,空间也大,但前屋面采光角度难以增加。特别是有的地区将跨度扩大到 8 米,采光角度变小,升温慢,不利于幼苗生长。所以,要用此种结构,跨度不宜超过 7 米,并要减少立柱,增大透光角度,提高室温。

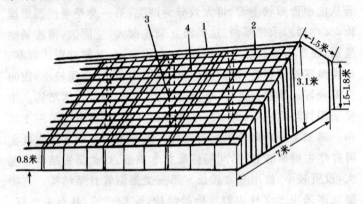

图 2-1 琴弦式薄膜日光温室

1. 钢管桁架 2. 8 号铁丝 3. 中柱 4. 竹竿骨架

2. 性 能

这种温室空间大,后坡短,土地利用率高。在这种日光温室发展的初期,即 1980～1990 年推广较快,后来在使用过程中发现其结构上存在明显不足。前屋面采光角度小,冬季采光少,升温慢;采光面平缓,冬季降雪后清扫困难;前屋面下段低矮,日常管理不方便,也不适宜种植高架蔬菜;薄膜靠上下竹竿夹住固定,通风换气很不方便。因此,此类温室的应用范围受到一定限制。实际上,已有一些地方在应用时把前屋面改为微拱形。

（二）长后坡矮后墙拱圆形温室

1. 结　构

辽宁省海城市普通式日光温室和河北省永年县 2/3 式日光温室属该类温室。建造这种类型的日光温室大多因地制宜，就地取材。后墙多数为土墙，也有的采用 24 厘米厚的砖墙，砖墙外侧堆土墙保温。有的地方用石料砌墙代替砖墙，这种墙体白天可蓄热，晚上向室内放热。这种日光温室后墙体厚度不少于 1 米，墙体高度 0.5～1.2 米；温室跨度为 6 米左右，顶高 2.3～2.4 米；前面有 2 排前柱，分别为 1.9 米和 1.4 米；拱架用直径 3 厘米以上的竹竿；后墙厚度为 70～90 厘米。前屋面的角度为：底角一般为 60°左右，中部为 30°左右，上部为 10°左右，后屋仰角为 25°～30°。后屋坡用桁檩、玉米秸捆、麦草、草泥等构成，总厚度为 50～60 厘米。在实际建造时，纬度越高的地区，后屋面应越厚越长（图 2-2）。

2. 性　能

这种类型的日光温室突出了冬季防寒保温的结构特点，所以在建造上采用了长后屋面的结构，其后屋面比其他类型温室的后屋面长，所以保温性能好。在同样的外界温度环境中，气温条件优于其他类型温室，即使在最寒冷的 12 月份，温室内最低气温也可维持在 7℃～18℃，白天最高温度达到 30℃左右。这种日光温室晴天升温快，温度分布较其他类型温室均匀；晚上温度下降平缓。同时建造成本低，并适于冬季不加温进行蔬菜生产。但在3～10月间其后坡下为弱光区,可通过增加中脊高度、缩短后坡长度来提高采光效果。

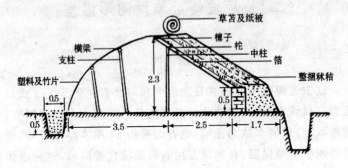

图 2-2 海城普通式日光温室 (单位:米)

(三)短后坡高后墙日光温室

1. 结 构

这类温室与矮后墙、长后屋面温室的主要区别是增加了后墙高度,缩短了后屋面长度。这种温室作业环境和光照情况比前一种温室有较大改善,是目前生产应用面积最大的一种温室。各地建造的这种类型的温室因取材和自然环境条件的不同,其结构与尺寸亦有差异。该温室跨度6.5～7.5米,脊高2.8～3.5米,后墙高1.6～2.2米。后坡长1.5～1.7米,后屋仰角35°以上,后屋坡在地面水平投影宽度1.2～1.5米,后墙厚0.8～1.0米。墙体材料及墙体结构有很多种,最常见的是土墙,建土墙可省去墙体材料费用,但每年雨季过后需要整修。除土墙外,砖砌墙发展很快,后墙和两端山墙均建成空心墙体。外侧为24厘米厚的砖墙,内侧为12厘米厚的砖墙,中间空隙装填蛭石等保温绝热材料。还有的把墙体建成30厘米或24厘米厚的的实心墙,然后在墙体外侧堆土保温,或者先打土墙,在土墙内外两侧再砌12厘米厚的砖墙,保护土墙不受降水冲刷,免去每年修整的工作。陕西省咸阳秦都3号日光温室即属于这类结构(图2-3)。

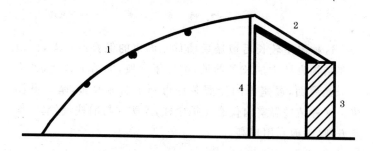

图2-3 咸阳秦都3号日光温室

1. 拱圆屋面 2. 后屋坡 3. 后墙 4. 立柱

这种日光温度后屋面的建造除了采用长后屋面的材料外,也可采用水泥预制板,在后墙体加砌女儿墙,后屋面顶用炉渣填平,建成永久性结构。

前采光面骨架结构建造材料可以采用竹木结构、钢架竹木混合结构和钢架结构三种类型。

(1)竹木结构

采光面骨架需要立2行柱,立柱间距一般为3米;顺立柱搭横梁;用竹片或竹竿做成拱圆形采光面,竹片或竹竿固定在横梁上,竹片或竹竿的间距一般为50～60厘米。

(2)钢架竹木混合结构

采光面先每隔3米安装1个拱形钢筋桁架,桁架与后屋面连接。通过桁架下弦沿东西方向穿5～7道铁丝。在两行拱形桁架间再搭 5 根竹片做成拱圆形采光面,竹片用短木棒支撑连接在铁丝上。

(3) 钢架结构

这一类型的技术要求同钢架竹木混合结构类型,只是建造材料全部使用钢材。

2. 性 能

这种温室较长后坡矮后墙日光温室的保温性略差,但由于在结构设计中加长了前坡,缩短了后坡,提高了脊高,加大了采光屋面,温室内的光照条件得到了明显改善,晴天升温快。这种结构温室内仅有 1 排中柱,无腰柱与前柱,温室内作业方便,土地利用率高。

(四)无立柱钢管结构日光温室

1. 结 构

西北农林科技大学设计的 GJ-7.5 型日光温室(图 2-4)和鞍山 Ⅱ 型日光温室均属于无立柱、大跨度、钢管桁架日光温室。这类温室跨度 7～8 米,中脊高 3.0～3.6 米,后墙高 1.8～2.2 米,为砖砌空心墙,即外砖墙厚 24 厘米＋中空 12 厘米＋内砖墙厚 12 厘米,内填珍珠岩、炉渣、蛭石、聚苯乙烯泡沫塑料板等保温材料。前屋面为钢结构一体化半拱形桁架,上弦为 $\phi 6$ 钢筋。底角 65°,前沿 70 厘米处 25°,后屋角 36°～40°。后坡长 1.52 米,水平投影 1.2 米。后坡面用木材表皮板、油毡、麦草、草泥及水泥砂浆等材料组成,厚度在 40 厘米以上;也可用复合保温板。

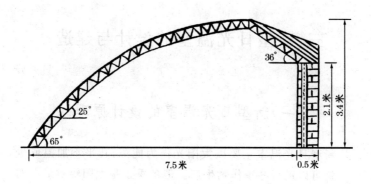

图 2-4　西农 GJ-7.5 型日光温室

2. 性　能

这种温室空间大,透光率高,结构强度大,增温保温性能好,使用寿命长。同时可配套使用小型机械作业及自动通风、自动揭盖草帘(或保温被)等自动控制系统,是目前最有发展前途的温室。

三、新型日光温室的设计与建造

（一）新型日光温室的设计原理

新型日光温室主要以太阳光作为能源，几乎不加温或少加温就可以进行冬季作物生产。但冬季正是太阳辐射最弱的季节，因此，太阳辐射往往成为新型日光温室的关键性限制因子，能否充分合理地利用太阳辐射热，关系到这种温室生产的成败。另外，温室内白天保持较高的温度有利于作物的光合作用和产量的形成，而夜间温室内温度的偏低将直接威胁植物的生命。为了保持温室内在白天有较高的温度和夜间温度不至于过低，新型日光温室必须有较好的保温性能。总之，采光和保温是新型日光温室设计与建筑时应注意解决的两个重要问题。

1. 新型日光温室几何尺寸的确定

新型日光温室的主要几何尺寸有温室的跨度、脊高、后墙高度、后坡仰角、前坡屋面角等，如图 3-1 所示。

（1）前坡屋面角与屋面形状的设计

新型日光温室的前坡屋面形状目前采用较多的有抛物线形—圆—抛物线组合形和摆线形等曲面。在屋脊高度、温室跨度、后坡水平投影长度确定的情况下，采用上述各不同的前坡屋面形状时，其采光率差异甚小。而影响采光率的主要参数为前坡屋面角 α 的大小。因此，下面我们将对倾角为 α 的假想斜屋面的采光问题进行讨论,并用以确定新型日光温室的有关尺寸。

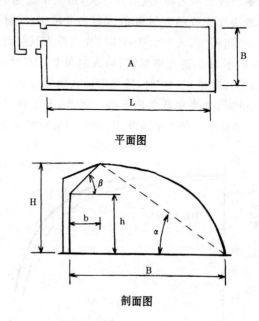

平面图

剖面图

图 3-1　日光温室的几何尺寸

注:图中几个字母分别代表的是:A 为温室面积,为温室跨度与温室长度的乘积;B 为温室跨度,指温室后墙内侧至前屋面拱脚之间的距离;H 为温室脊高,指温室室内地面至屋脊骨架顶面的垂直距离;h 为后墙高度,为室内地面至后坡与后墙内表面交线之间的距离;b 为后坡水平投影长度;β 为后坡仰角,为后坡内侧斜面与水平面夹角;α 为前坡屋面角,指前拱脚与屋脊连线与水平面夹角;L 为温室长度,指两山墙内侧之间的净距离

①前屋面角度与阳光透射率之间的关系　阳光照射到薄膜屋面时,被分为三部分:一部分被薄膜所吸收,一部分被薄膜反射,一部分透射进入温室。它们之间的关系是:

吸收率＋反射率＋透光率＝100％

干净的塑料薄膜的吸收率为10％左右，剩余的90％左右即为反射率与透光率之和。反射率越大，透光率就越小。反射率的大小取决于光线的入射角 θ，入射角 θ 越小，反射率就越小。由图3-2可看出，入射角 $\theta=0$ 时，光线垂直照射到覆盖物上，此时反射率为0，透光率最大；当入射角 $\theta<40°$ 时，透光率变化不大；当入射角 $\theta>40°$ 时，透光率随入射角的变化较为明显；当 $\theta>60°$ 时，透光率就急剧下降。因此，入射角应保持在40°以内，才能保证有较大的透光率，即具有较好的采光性能。

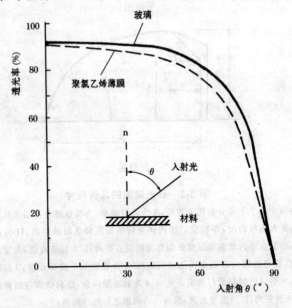

图3-2　透光率与入射角的关系

②屋面坡度角的合理取值　为了确定屋面坡度角的合理取值，需要了解一下有关建筑日照计算的基本知识。

与温室采光性能密切相关的一个角度叫做太阳高度角，它是阳光射线与地平面的夹角，其大小与地理纬度、季节和一天中的时间有关(表 3-1)，公式如下：

式 3-1：$sinh = sin \delta sin \Phi cos \delta cos \Phi cos \Omega$

式中：h 为太阳高度角；δ 为当地的赤纬角；Φ 为地理纬度；$\Omega = 15t(°)$，t 为偏离正午的时间(小时)。

表 3-1 各季节的太阳赤纬

夏 至	立 夏	立 秋	春 分	秋 分	立 春	立 冬	冬 至
(6月 21日)	(5月 5日)	(8月 7日)	(3月 20日)	(9月 23日)	(2月 5日)	(11月 7日)	(12月 22日)
$+23°27'$	$+16°20'$	$+16°20'$	$0°$	$0°$	$-16°20'$	$-16°20'$	$-23°27'$

正午时，$\Omega = 0$，此时的太阳高度角为：

式 3-2：$h_0 = 90° - \Phi + \delta$

在一天之内的任意时刻，当阳光照射在坡度为 α 的朝向正南的日光温室的前坡屋面上时，阳光线的入射角 θ 满足以下表达式：

式 3-3：$cos\theta = sin \alpha coshcosA + cos \alpha sinh$

式中：θ 为入射角；α 为温室前坡屋面角；h 为太阳高度角；A 为太阳方位角，为阳光射线的水平投影与正南向的夹角(下午为正，上午为负)，可用如下公式计算：

式 3-4：$A = arcsin(\frac{cos \delta \cdot sin\Omega}{cosh})$

式中 δ，Ω，h 意义同前。

③三个屋面角(即理想屋面角、合理屋面角和最佳屋面角)的计算

理想屋面角：设冬至日正午阳光射线的入射角为零，得

$h_o = 90° - \alpha$,代入式 3-2,解得理想屋面角的计算式为:

式 3-5:$\alpha = \Phi - \delta$

例如:西安地区的地理纬度为 $\Phi = 34°15'$,要建一栋冬至前后使用的日光温室,其理想的屋面坡度为:

$\alpha = \Phi - \delta = 34°15' - (-23°27') = 57°42'$

若按这一理想角度建造温室,当温室前坡水平长度为 5.3 米时,温室的屋脊高度将达到 8.48 米,这显然在实际生产中是不科学、不实用的。

合理屋面角:设冬至日正午阳光入射角为 40°,则 $h_o = 90° - \alpha - 40° = 50° - \alpha$,代入式 3-6,可得合理屋面角的计算公式为:

式 3-6:$\alpha = \Phi - \delta - 40°$

按该式推算出西安地区日光温室的合理屋面角度为:

$\alpha = 34°15' - (-23°27') - 40° = 17°42'$

最佳屋面角:设在冬至日正午前后各 2 小时(共 4 小时)的时间范围内,阳光入射角均能满足 $\theta < 40°$,则按此条件推算得到的温室屋面角 α,就叫最佳屋面角,记为 α_0。为了求得 α_0 表达式,在式 3-1 和式 3-4 中取 $\Omega = 15 \times 2 = 30°$,在式 3-3 中取 $\theta = 40°$,并在各式中取 $\delta = -23°27'$,给定纬度角 Φ,联立式式 3-1,式 3-3,式 3-4 可求得与之对应的最佳屋面角 α_0。当 Φ 在一定范围内(如 $\Phi = 32° \sim 45°$)取不同值时,可求得一系列 α_0 值。计算结果表明,最佳屋面角 α 与纬度 Φ 之间存在以下关系:

式 3-7:$\alpha_0 = \Phi - 4°9'40''$

为便于计算,可取

$\alpha_0 = \Phi - 4°$

实用上,温室前屋面角应尽可能靠近最佳屋面角 α_0 取值。在此,我们建议,前屋角 α 与最佳屋面角 α₀ 的差值不大于 2°。如西安地区纬度 Φ 为 34°15′,最佳屋面角大致为 30°,屋面角 α 应在 28°～30°之间取值。

若在式 3-3 中,当 δ 和 Φ 取一定值,θ 取 40°时,将屋面角 α 在最佳屋面角 α₀ 的基础上进行变动,来研究时角 Ω 的变化规律。我们发现,当 α 在 α₀ 的基础上减小 1°时,对应的时角 Ω 的减小量也约为 1°,即在正午前后,满足阳光入射角 θ<40°的时间各减少 4 分钟(一天之内共减少 8 分钟)。

依据陕西省各地区的地理位置,现将各地建造日光温室的适宜的前屋面角列于表 3-2,以便于参考。

表 3-2　陕西省各地区日光温室前屋面角度设计值

北纬	代表地名	理想屋面角	合理屋面角	最佳屋面角
31°	镇　坪	45.5°	14.5°	27°
32°	平利、安康	55.5°	15.5°	28°
33°	汉中、留坝	56.5°	16.5°	29°
34°	西安、宝鸡、永寿、蒲城	57.5°	17.5°	30°
35°	韩城、洛川	58.5°	18.5°	31°
36°	延安、富县、宜川	59.5°	19.5°	32°
37°	米脂、清涧	60.5°	20.5°	33°
38°	榆林、神木	61.5°	21.5°	34°
39°	府　谷	62.5°	22.5°	35°

(2)后屋面长度及后坡仰角 β 的设计

日光温室的后屋面水平长度一般取 b=1.2～1.5 米,纬度小于 35°的地区可取 b=1.2 米,纬度较高的地区可取较大的值。

后坡仰角 β 的确定应保证在冬至前后各一个半月内,后墙内侧全高范围内能得到阳光照射,并依赖后墙的反光作用保持温室内靠后墙附近的一定范围内有较为理想的照度。根据这一原则,后坡角应比当地冬至日正午的太阳高度角大 $7°\sim8°$。表 3-3 列出我国北方地区主要城市日光温室后坡仰角的参考值,以便于参照。

表 3-3 我国北方主要城市日光温室后屋面角设计值

城　市	北　纬	冬至时太阳高度值	合理后屋面角
西　安	34°15′	32°18′	40°
郑　州	34°43′	31°49′	40°
兰　州	36°03′	30°32′	38°
西　宁	36°35′	29°58′	38°
延　安	36°36′	29°57′	38°
济　南	36°41′	29°52′	38°
太　源	37°47′	28°38′	36.5°
榆　林	38°14′	28°15′	36°
银　川	38°29′	28°08′	36°
大　连	38°54′	27°40′	35.5°
北　京	39°54′	26°36′	34.5°
呼和浩特	40°49′	25°44′	34°
沈　阳	41°46′	24°47′	33°
乌鲁木齐	43°47′	22°46′	31°
长　春	43°54′	22°41′	31°
哈尔滨	45°45′	20°48′	29°
齐齐哈尔	47°20′	19°13′	27°

(3)日光温室跨度与屋脊高度的设计

北纬 40°以北的地区,日光温室的跨度一般不超过 7 米;北纬 37°～40°地区,跨度以 7～7.5 米为宜;北纬 35°～36°地区,日光温室的跨度以 7.5～8 米为宜;北纬 35°以南地区,跨度以 8 米为宜。

跨度确定以后,屋脊高度 H 的确定,应考虑前屋面角的大小和后坡长度的影响。高度大有利于提高采光性能,但高度过大又会加大室内的空间,既浪费材料,又加大散热量。合理的高度取值应是光照和保温相互协调的数值。一般情况下,可按当地的纬度大小,先选择适当的前屋面角 α 值,并初步确定一个合理的后坡水平长度 b,然后可按式 3-8 计算屋脊高度:

式 3-8:$H=(B-b) \cdot tg\alpha$

如果计算得到的 H 值过大,可适当增大后坡水平长度;反之,减小后屋面水平长度。

表 3-4 列出北方各地区日光温室的跨度、后坡水平长度和屋脊高度的推荐值。

表 3-4　北方各地区日光温室跨度、后坡水平长度和高度设计值

北纬	代表地区	前屋面角度	跨度(米)	后坡水平长度(米)	高度(米)
31°	镇　坪	27°	7.5～8.0	1.2	3.2～3.4
32°	安　康	28°	7.5～8.0	1.2	3.3～3.6
33°	汉　中	29°	7.5～8.0	1.2	3.5～3.7
34°	西安、郑州	30°	7.5～8.0	1.2	3.5～3.7
35°	韩城、运城	31°	7.0～7.5	1.2	3.4～3.7
36°	西宁、兰州	32°	7.0～7.5	1.3	3.5～3.8
37°	太　原	33°	6.5～7.0	1.3	3.3～3.5
38°	石家庄、银川	34°	6.5～7.0	1.3	3.4～3.7
39°	北　京	35°	6.5～7.0	1.4	3.4～3.8

按以上方法确定日光温室高度,并取后坡仰角为当地冬至日正午的太阳高度角加 7°～8°时,后墙高度 H 均在 2 米左右,满足使用要求。

(4)日光温室的长度设计

日光温室的长度一般不小于 50 米,常用的为 50～60 米。若采用更大的长度时,屋面纵向联系构件的设置应考虑材料热胀冷缩的不利影响,如果采用砖后墙,后墙应在中部预留伸缩缝。如果前坡屋面采用联动的卷帘被时,温室长度的确定应不超过卷帘机的工作长度。

2. 新型日光温室的保温设计

(1)日光温室主体结构的保温设计

日光温室的主体结构主要指其后墙、山墙和后屋面。在日光温室的几何尺寸确定之后,首要的是应关注的问题就是温室的墙体和后屋面选择什么材料,以及如何确定材料的厚度。

日光温室的墙体和后屋面都是温室的围护结构。日光温室的围护结构所用的材料,既要有阻止室内热量向外传递的能力(即保温性能),又要有一定的贮存热量的能力(即蓄热性能)。围护结构阻止热量传递的能力可用热阻 R 来评价,热阻越大,保温能力越强。室内外温差越大,要求的热阻就越大;满足一定保温要求所必需的最小热阻,叫做围护结构的低限热阻。围护结构所具有的热阻应大于所要求的低限热阻。日光温室围护结构的低限热阻见表 3-5。

表 3-5　日光温室围护结构的低限热阻

室外设计温度（℃）	低限热阻 R_0（米²·开/瓦）	
	后墙、山墙	后屋面
—4	1.1	1.4
—12	1.4	1.4
—21	1.4	2.1
—26	2.1	2.8
—32	2.8	3.5

由多层材料共同组成的围护结构的总热阻可用式 3-9 计算：

式 3-9：$R_0 = \dfrac{\delta_1}{\lambda_1} + \dfrac{\delta_2}{\lambda_2} + \cdots \dfrac{\delta_n}{\lambda_n}$

式中：R_0 为总热阻；$\dfrac{\delta_1}{\lambda_1}$ 为第一层的热阻；δ_1 为第一层材料的厚度（米）；λ_1 为第一层材料的导热系数（瓦/米·开）；$\dfrac{\delta_2}{\lambda_2}$ 为第二层的热阻，δ_2 为第二层材料的厚度（米），λ_2 为第二层材料的导热系数（瓦/米·开）；n 为任意层。常用材料的导热系数值见表 3-6。

表 3-6　日光温室常用保温材料的导热系数

材料名称	干容重（千克/米³）	导热系数（瓦/米·开）
粘土砖水泥砂浆砌体	1800	0.81
夯实粘土（土墙）	—	0.93
土坯墙	1600	0.70
炉渣	800	0.23
膨胀蛭石	300/200	0.14/0.10

材料名称	干容重（千克/米³）	导热系数（瓦/米·开）
膨胀珍珠岩	200/80	0.07/0.06
稻 草	150	0.09
芦 苇	—	0.14
聚苯乙烯泡沫塑料板	20	0.046
加气、泡沫混凝土	700/500	0.22/0.19

在确定低限热阻时,必须熟知当地的室外设计温度。温室的室外设计温度指历年最冷日温度的平均值。一般取近 20 年的气象数据作统计,如果当地没有长期气象统计数据,也可采用近 10 年的统计数据。为便于使用,表 3-7 给出了我国北方地区主要城市的温室室外设计温度,对于其他地区,可参考周

表 3-7　日光温室的室外设计温度

地 名	温度（℃）	地 名	温度（℃）
哈尔滨	—29	北 京	—12
吉 林	—29	石家庄	—12
沈 阳	—21	天 津	—11
锦 州	—17	济 南	—10
乌鲁木齐	—26	连云港	—7
克拉玛依	—24	青 岛	—9
兰 州	—13	徐 州	—8
银 川	—18	郑 州	—7
西 安	—8	洛 阳	—8
呼和浩特	—21	太 原	—14

围附近地区的气象资料,但对于一些区域性气候带应根据当地的实际情况确定室外设计温度。陕西关中平原的室外设计温度可取$-8℃$,延安可取$-14℃$,榆林可取$-18℃$。

按室外设计温度确定了低限热阻之后,我们就可用式3-9计算出围护结构的材料厚度。

例如,西安地区的室外设计温度为$-8℃$,由表3-5确定墙体的低限热阻$R_{0墙}=1.25$米²·开/瓦,后屋面的低限热阻$R_{0屋}=1.4$米²·开/瓦,若用聚苯乙烯泡沫塑料板作温室后屋面的保温材料($\lambda=0.046$瓦/米·开),则所需的板材最小厚度为:

$$\delta=R_{-墙}\cdot\lambda=14\times0.046=0.06(米)$$

若墙体由外向内的构造层次为:120毫米厚砖墙($\lambda_1=0.81$),炉渣保温层($\lambda_2=0.23$),240毫米厚砖墙($\lambda_3=0.81$),则保温层的最小厚度为:

$$\delta=(R_{0墙}-\frac{\delta_1}{\lambda_1}-\frac{\delta_3}{\lambda_3})\cdot\lambda_2=(1.25-\frac{0.12}{0.81}-\frac{0.24}{0.81})\times0.23=0.19(米)$$

对于吸水性强的材料,因其吸水后导热系数会增大,故实际采用的厚度应大于计算得到的最小厚度。

(2)日光温室前屋面的保温

日光温室的前屋面是采光和摄取能源的主要途径,但在夜间,前屋面的贯流散热量又占了温室整个散热量的绝大部分,因而,加强前屋面的夜间保温对提高日光温室室内的夜间温度具有至关重要的作用。

日光温室的前屋面保温材料用于温室的夜间保温,傍晚时覆盖,上午日出后收起,为此,要求保温材料必须是柔性材料。生产上用得最早也最为广泛的是草苫。草苫可就地取材,利用了农村的剩余农产品下脚料,且价格低廉,具有较好的保温性能。但草苫作为温室前屋面覆盖材料有着自身难以克服的缺点:收放草苫的时间长,劳动强度大,难以实现机械化作业;吸水后材料的导热系数激增,严重时几乎失去保温性能,且自身重量成倍增大,增加温室骨架的荷载;在多风地区或遇风条件下,由于草苫的孔隙较多,若不与其他致密材料配合使用,其保温性能有限。为此,人们一直在研究和试验可以替代草苫的新覆盖材料。

对新型前屋面保温材料的研制和开发主要侧重于便于机械化作业、价格便宜、重量轻、耐老化、防水等性能指标。在保温性能上,一般要求能达到或接近草苫的性能即可。目前,使用较为广泛的用于替代草苫的柔性保温材料有聚乙烯发泡材料、无纺布、岩棉及其他复合保温被等,其中复合保温被等材料已可实现电动或手动联动作业。经过近几年的研究和使用,上述材料的性能基本能满足日光温室的需要。一些新的材料还在试验之中。

(3) 其他保温措施

除了墙体、前后坡屋面外,日光温室的出入口处的门窗缝隙的冷风渗透和土壤横向传热也是其热量散失的不可忽视的途径。

对付门窗缝隙散热的最直接的方法就是把门窗的缝隙尽可能地做得严密一些,并在温室入口门洞的内侧挂上棉布帘。温室入口应尽可能布置在比较背风的一侧山墙上。为了防止人员出入时冷风通过门洞口直接灌入室内,宜在入口处设一缓冲房间。该房间还可兼作放置小型农具、农药之用,因而也可叫做工作间。

土壤横向散热是指室内外表层土壤存在温差,致使热量通过土体向外散失。对于温室的北、西、东三个方向，由于所有外墙的厚度较大，由室内向室外通过土壤传热的路径较长，为了尽可能减小土壤横向散热，如果墙体是有保温层的复合墙体，可将墙体保温层延伸至基础内一定深度。如果温室的南侧设有连续的基础墙，也可以在一定程度上抑制土壤的横向散热。如果在连续基础墙的内侧贴上3～5厘米厚的聚苯乙烯板，即可有效地阻止土壤散热。如果温室南侧无连续基础，可在温室南侧挖一道防寒沟，沟深应大于当地的冻土层深度，沟宽一般为40厘米，沟内填玉米秸秆等保温材料，用塑料薄膜覆盖，表层覆土，亦可有效防止土壤散热。采取上述办法之后，温室内南侧1米范围内5厘米深处的土壤温度平均可提高2℃～4℃。

（二）西北GJ系列日光温室的标准化设计

在介绍西北农林科技大学开发研制的GJ系列日光温室的标准化设计方案之前，应首先对其结构设计中的荷载及荷载组合问题加以原则性的说明。

日光温室所承受的荷载主要有结构自重、作物荷载、雪荷载、风荷载及屋面上人荷载。结构自重包括屋面承重体系和屋面围护结构的自身重量及安装于屋架的设备的重量，一般应按实际情况计算。作物荷载一般是指藤蔓类作物，通过绳索或由藤蔓直接施加于屋架结构的荷载，设计时可根据拟种植作物的种类确定有无该类荷载，如果有，可取每平方米种植面积上的作物荷载设计值为15千克。雪荷载是指日光温室屋面积雪对其屋架构件所形成的荷载。我国工业与民用建筑结构设计时，雪荷载的取值可按《建筑结构荷载规范》GBJ9—87所提供的全国基本雪压分布图取值,该图中的基本雪压是指 30 年一遇的最大雪压。但日光温室的使用寿命最长为 10~15 年,加上冬季正常使用的日光温室由于室内的温度较高,前屋面的贯流散热对屋面积雪有一定的融化作用,而且积雪过厚时还可以进行人工除雪,因而我们设计日光温室屋架时,雪荷载的取值为在全国基本雪压分布图中的相应数值的基础上乘以小于 1 的系数(可取 0.6)。风荷载也是日光温室经常遇到的一种荷载。作用于建筑物单位表面的风荷载可按式 3-10 计算。

式 3-10:$Wk = \mu s \cdot \mu z \cdot Wo$

式中:Wk 为风压标准值;Wo 为当地的基本风压,按《建筑结构荷载规范》GBJ9—87 提供基本风压分布图来确定;μz 为风压高度变化系数,对日光温室的建筑高度 μz 值小于 1;μs 为风压体形系数,对于背风面及坡度小于 30°的迎风面,$\mu s < 0$,屋面受向外的吸力。

就一般的日光温室来讲,除了前屋面肩部以下的部位以外,其余部位的屋面倾角都较小,且在冬季,日光温室的使用地区大多为北风,因而风荷载对日光温室的作用往往使温室前屋面的薄膜和后屋面的围护结构受到向外的张力。这种张力只会引起塑料薄膜的脱落和破坏,以及后坡屋面板连接破坏,而不会危及屋架结构的安全。进行屋架结构的承载能力计算时,可不考虑风荷载的影响。

综上所述,进行日光温室屋面承重体系的结构设计时,可仅考虑结构自重、作物荷载和雪荷载的作用,并按这三类荷载共同作用的情况计算结构的内力,继而进行构件的断面设计。对于风荷载的作用,可采用增加压膜线和加强后坡屋面构件的联结强度等措施来保证围护结构的安全。

根据陕西省各地基本雪压的分布特点(关中及陕北的大多数地区基本雪压为 20 千克/米², 个别地方 25 千克/米², 陕南基本雪压较小), 并考虑到陕西省适宜发展日光温室的地区为陕北和关中大部地区的实际情况, 我们依据上述的荷载取值及荷载组合原则, 进行了大量的分析计算, 提出了西北 GJ 系列日光温室的结构标准化设计方案。这些设计方案适合于陕西省各地特别是关中和陕北的自然条件, 对于西北其他自然条件相近的地区也可参照选用。

前已述及, 西北 GJ 系列日光温室的屋面承重体系有 A, B, C 三类。为便于论述, 在这里, 我们把跨度不同、墙体和后坡构造方案不同、但屋面承重体系类别相同的西北 GJ 系列日光温室各用一个型号来表示, 如西北 GJ-A 型、西北 GJ-B 型及西北 GJ-C 型。这里的型号实际上就是在相应日光温室类型编号中省去了"跨度"和"墙体及后坡构造方案编号"两项内容。

1. 西北 GJ-A 型日光温室的结构标准化设计

西北 GJ-A 型日光温室的屋面承重体系如图 3-3 所示。前后坡的屋面荷载全部由轻钢桁架来承受, 为了保持屋架结构的整体刚度和桁架的稳定性, 在屋脊处及前后坡均设有桁架横向支撑。为便于压膜, 防止前屋面塑料薄膜兜雪, 桁架前坡横向支撑设在下弦顶面, 其余横向支撑均设在桁架上弦上, 墙体为夹心保温砖墙, 后坡屋面可采用轻质聚苯乙烯复合板材或细石混凝土屋面。当采用轻质复合保温板材后屋面时, 桁架的间距为 1 米; 采用细石混凝土后屋面时, 桁架间距取 0.75 米。

桁架构造及桁架横向支撑的布置与安装见图 3-4。图中几何参数 L(温室跨度),b(后坡水平投影长度),H(屋脊高度),β(后坡仰角)依据当地情况由建筑设计确定。

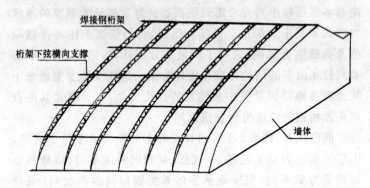

图 3-3 西北 GJ-A 型日光温室的屋面承重体系

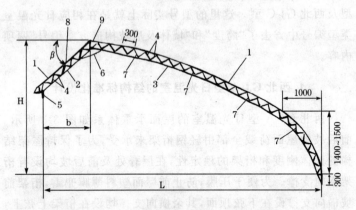

图 3-4 西北 GJ-A 型日光温室的桁架及其横向支撑 （单位:厘米）

1. 上弦 2. 后坡下弦 3. 前坡下弦 4. 腹杆 5. 支座

6. φ8 钢筋 7. 前坡横向支撑 8. 后坡横向支撑 9. 屋脊横向支撑

为使温室内南侧靠近拱脚处一定宽度以内具有必要的栽培与操作空间,距拱脚 1 米处,桁架上弦的高度应为 1.4～

1.5 米,在此高度范围内,桁架上弦的轴线形状为圆弧,大于此高度时,桁架上弦前坡面轴线形状为二次抛物线,桁架后坡上、下弦均为直线。桁架横断面高度(上、下弦中心距)为 0.17 米,上弦结点间距为 0.3 米。所有桁架构件及横向支撑均为钢构件,所有结点均满焊。

桁架上弦为钢管,其规格可根据跨度大小和荷载情况由结构计算确定,壁厚一般不宜小于 2.5 毫米。

桁架下弦可用 $\phi12$ 钢筋,后坡下弦由支座直线伸至前坡上弦底面,前坡下弦在屋脊下方结点处与后坡下弦连接。其连接时的重叠长度不小于 40 毫米,在前拱脚尽端处与上弦尽端焊接。

腹杆采用细钢筋。温室跨度为 6.5～7 米时,采用 $\phi8$ 钢筋;跨度为 6 米时,可采用 $\phi6$ 钢筋。

桁架横向支撑的设置主要是为了确保桁架的整体稳定性。当采用细石混凝土后屋面时,桁架一坡横向支撑采用单根管材;采用复合保温板材后屋面时,后坡横向支撑改用两根 $\angle30$ 毫米 $\times3$ 毫米角铁,可兼用于安装屋面板。屋脊及前坡横向支撑均采用管材,其间距为 1.2 米左右。

桁架的后拱脚支座板件采用厚钢板,支撑面处做成倒 L 形状,可直接卡在砖墙的支撑高度处,安装十分方便。

温室的南侧设置连续砖砌基础墙,在该墙顶内侧按照桁架间距要求每隔一定距离预留南北宽 250 毫米、东西长 120 毫米、深 300 毫米的缺口,桁架定位后,将该缺口用细石混凝土窝牢。砖砌连续基础墙断面如图 3-5 所示,图中未注砖基础埋深,可取 600～800 毫米。冻土层深度大的地区取较大值。

2. 西北 GJ-B 型日光温室的结构标准化设计

西北 GJ-B 型日光温室的屋面承重体系如图 3-6 所示。每

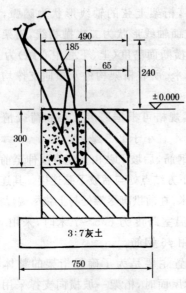

图3-5 前拱脚处基础墙结构
标准化设计 （单位:厘米）

隔 2.5 米布置一榀轻钢桁架,用来承受温室前后坡屋面的荷载。在桁架前坡面处,每隔 0.45 米沿东西方向布置 8 号铁丝,置于桁架上弦顶面,两端固定于山墙外的地锚上。在铁丝上面,每隔 0.625 米固定直径为 15 毫米的细竹竿。屋面覆盖物及积雪的荷载先传给铁丝悬索,再由铁丝悬索传给桁架。温室后坡承重构件的布置,即在屋脊处沿东西方向设置 1 根粗竹竿。沿后坡面方向设置木椽,一端支撑于墙顶,另一端支撑于竹竿顶面。木椽的间距根据屋面构造确定,细石钢筋混凝土后屋面木椽间距为 0.75 米,麦草泥屋面木椽间距为 0.5 米。木椽顶面与钢桁架后坡上弦顶面持平。

西北 GJ-B 型日光温室所用钢桁架及其横向支撑构件的布置如图3-7所示。图中温室跨度 L,后坡水平投影长度 b,后坡仰角 β,屋脊高度 H 均由建筑设计确定,桁架前坡面形状及支座构造同西北 GJ-A 型日光温室桁架。桁架断面高度(上、下弦中心距)为 0.2~0.25 米,上弦结点间距为 0.4 米。粗竹竿与桁架构件间用铁丝扎牢,其余钢构件所有结点采用满焊。

桁架上弦为管件,其规格可根据跨度和荷载大小由结构

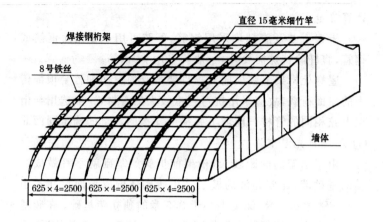

图 3-6　西北 GJ-B 型日光温室的屋面承重体系　（单位：厘米）

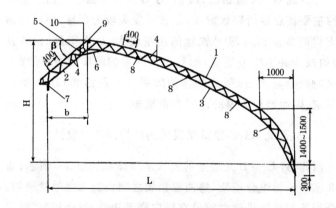

图 3-7　西北 GJ-B 型日光温室的桁架

及其横向支撑　（单位：厘米）

1.上弦　2.后坡下弦　3.前坡下弦　4.腹杆　5.腹杆

6.φ12 钢筋　7.φ8 钢筋　8.支座　9.前坡横向支撑

计算确定。

桁架下弦及腹杆均采用钢筋,下弦可用 $\phi 12$ 光面钢筋或钢管,腹杆除特殊需要外,一般均采用 $\phi 8$ 钢筋。

屋脊处桁架上弦横向支撑件要承受前屋面细竹竿顶部传来的屋面荷载,故应采用抗弯强度较大的管材,一般选用与桁架上弦相同的管材。前坡下弦横向支撑的数量的确定同西北 GJ-A 型日光温室。

由于桁架的间距较大,桁架前拱脚的基础就不宜做成连续的基础墙,比较经济的做法是用砖砌体做成平面尺寸不小于 0.5 米×0.5 米、深度不小于 0.5 米的独立砖基础。在砖基顶面靠室内一侧预留承插桁架前拱脚的缺口,桁架就位后,用细石混凝土将其灌注牢固。

与西北 GJ-A 型相比,西北 GJ-B 型日光温室屋面承重体系的主要特点是桁架数量少,制造及安装较为容易。但由于横向支撑的数量相同,8 号铁丝的用量较大,总用钢量(包括铁丝)的减少并不十分明显,而且由于悬索的刚度较差,屋面在遇风时振动较大,压膜线的作用效果又不及西北 GJ-A 型日光温室,因而塑料薄膜的使用寿命较短。

3. 西北 GJ-C 型日光温室的结构标准化设计

西北 GJ-C 型日光温室的屋面承重体系如图 3-8 所示。每隔 3 米设一榀组合桁架,每两榀桁架之间设置两榀单管拱架,组合桁架与单管拱架之间设有横向联系构件。组合桁架、单管拱架和横向联系构件共同组成屋面承重体系,承受屋面的各种荷载。由于单管拱架的承载能力较小,该型日光温室仅适用于重量较轻的复合板材保温后屋面,墙体一般为夹心保温砖墙。因为组合桁架与单管拱架的刚度差异较大,经常在后屋面上引起后屋面板的较大变形,为此,该型温室常配有自动卷帘复合保温被,作为前屋面保温材料,避免了用草帘覆盖时经常需要人上后屋面收放草帘对后屋面造成的不利影响。

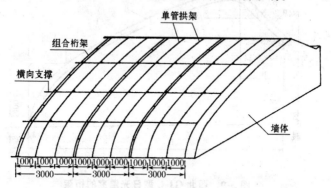

图 3-8　西北 GJ-C 型日光温室的屋面承重体系　(单位:厘米)

西北 GJ-C 型日光温室所用的组合桁架如图 3-9 所示。图中各几何参数(图中外文代号所指同图 3-4)和主要弦杆的线形设计同其他焊接桁架。该桁架与前述两种桁架的最大的不同点在于各桁架杆件、卡件和横向支撑件均由工厂压制成型,并进行表面热浸镀锌处理,施工时在现场组装,其联接方式主要是卡具、螺栓联接,因而安装方便,构件表面防锈能力强,使用寿命长。考虑到工厂化制造的特点,目前,各不同跨度的桁架的构件断面尺寸及卡具均采用统一的规格。如桁架上弦用外径 32 毫米、壁厚 2.5 毫米的电焊管,下弦采用 25 毫米×25 毫米、壁厚 2 毫米的方形焊管,前坡横向支撑用外径 26 毫米、壁厚 2 毫米的电焊管,后坡横向支撑用两根∠30 毫米×3 毫米角铁,屋脊横向支撑件用厚度 3 毫米的带钢模压成型,各类卡具均采用定型尺寸,桁架的断面高度均为 0.17 米,支座板件用钢板。不同跨度桁架的卡件和横向支撑件数量可根据具体情况确定。

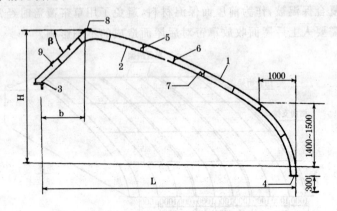

图 3-9　西北 GJ-C 型日光温室的桁架

及其横向支撑　（单位：厘米）

1. 上弦　2. 下弦　3. 后支座　4. 前支座　5. 卡件 1　6. 卡件 2

7. 前坡横向支撑　8. 屋脊横向支撑　9. 后坡横向支撑

在图 3-9 中，去掉下弦杆件和各卡件 2，该图即变为单管拱架的结构图。单管的截面尺寸及轴线形状与组合桁架的上弦相同。

西北 GJ-C 型日光温室前拱脚处的基础做法与西北 GJ-A 型日光温室相同。

4. 西北 GJ 系列日光温室的结构选型

如前所述，西北 GJ 系列温室的屋面承重体系的类别有 A，B，C 三类，温室的跨度尺寸可取 6~8 米。各类屋面承重体系又有与之相适用的墙体和后屋面构造方案，为便于选型，我们把各类屋面承重体系的适用条件归纳成表 3-8。

表 3-8　各类屋面承重体系的适用条件

承重体系类别面	适用跨度（米）	墙体及后屋面构造方案编号
A	6～8	1,2,3
B	6～7	3,4
C	6～8	1,2

注：表中方案编号 1 为土墙＋麦草后屋坡；2 为土墙＋保温板后屋坡；3 为砖墙＋保温板后屋坡；4 为夹土砖墙＋保温板后屋坡

为了便于日光温室生产者根据自己的经济实力选择合适的日光温室类型，表 3-9 列出跨度为 7 米、长度为 50 米时各种类型西北 GJ 系列日光温室的大致造价，可供参考。至于各种类型的主要优缺点，这里不再赘述。

表 3-9　西北 GJ 系列日光温室的参考造价

类　型	造价（万元）
西北 GJ-7A$_1$	3.4
西北 GJ-7A$_2$	3.2
西北 GJ-7A$_3$	2.8
西北 GJ-7B$_1$	2.3
西北 GJ-7B$_2$	1.0
西北 GJ-7C$_1$	5.8
西北 GJ-7C$_2$	5.6

注：1. 温室长度为 50 米

2. 西北 GJ-7C$_1$，GJ-7C$_2$ 日光温室的造价包括复合保温被和卷帘装置

（三）新型日光温室的建造技术

新型日光温室的建造是按照设计要求进行选地、规划以

及施工的过程,它的质量好坏直接关系到温室的性能优劣,也是保证温室使用寿命的重要环节,务必重视。

1. 场地选择

新型日光温室的建造首先应选好场地,保证阳光照射无阻碍,肥、水、交通条件较好。具体来说,有以下几点要求:

第一,地形开阔,光照充足。太阳光是温室的主要热源,所以,选择东、西、南三面无高大建筑物和树木的开阔地带建温室至关重要。特别是一些山区地带,应注意避开高山峡谷造成的遮荫带。选择向阳背风的地方最好,即使有一定的坡降地带,只要前方光照充足都可以建造温室。

第二,通风条件好。温室选择自然避风向阳的高坎、土崖、围墙等地带是可以的,但早春、初夏时白天温室内往往会出现高温,需要及时通风降温排湿。所以,温室建造场地还应具备较好的通风条件,切不可建造在窝风或风道处,既要防止通风不好,又要防止大风危害。

第三,供排水条件好。温室生产要求有充足的水源供应,而且水质要好,避开污水区。特别是大面积温室群应具备井水灌溉的配套设备和排灌工程。有的地区具有地下热水源条件可以直接引进室内,保证较高的水温是获得高产的条件之一。另外,应注意不要将温室建造在地下水位高及低洼湿润地带。

第四,土质肥沃。一般要求土壤有良好的物理性状,吸热、透气、透水性好,富含腐殖质,酸碱度中性略偏酸,病虫害较少,无盐渍化现象。

第五,电源条件好,交通方便,便于产品远销和生产物资运输。

第六,从绿色食品生产要求出发,应选择周围无烟尘、无有害气体、无污染源、空气清新、水质洁净的地带建造温室。

2. 场地布局规划

集中建设的温室群,在场地选好后,要根据场地的地形进行总体规划,绘制出温室布局平面图。布局规划应包括温室建造方位、田间道路布置、相邻温室排列和附属设备建筑等方面。

(1)温室方位

温室原则上应采用东西延长、坐北向南的方位,这样有利于冬季接受较多的太阳辐射热。在此基础上,适当向南偏东偏移,可增加室内上午的光照强度,有利于作物的光合作用;适当向南偏西偏移可增加下午的光照强度,有利于提高夜间的室内温度。但是,冬季日光温室采光时段的长短还受揭盖草帘早晚的影响。在冬季气温低、晨雾大的地区,早晨草帘揭开的时间较晚,往往在 9 时左右,所以南偏东的方位就不大适宜。根据各地的经验,日光温室的方位确定应以提高室内夜间温度为重点,所以日光温室应取朝南略偏西 5°～7°的方位。

(2)道路布局

一般采用与主路对称布局,东西延长温室群以南北长的路为主路,在路东西两侧建两排温室,对称排列。东西两侧温室之间应留 5～7 米的室外作业通道和灌排水渠道,路面应用煤渣等进行简易铺设。东西每 3 排温室、南北每 8～10 栋温室之间再设 4 米左右田间通道,以便于运输。

(3)前后两排温室的距离

温室前后两排之间的距离,应以冬至前排背后的阴影刚好映在后排前窗脚下为最理想。不同纬度地区,建筑物的阴影长度不同,其最合理的距离可用下列公式计算:

$$x = \frac{h}{tg\theta} - L + r$$

式中：x 为前后两栋温室间距离（米）；

h 为温室的脊高（含卷草席捆部分，单位：米）；

$tg\theta$ 为当地冬至中午太阳高度角的正切值；

L 为温室最高点向下垂直地平面点到后墙外侧距离（米）；

r 为修正值，避免或减少前排的影响，多取1。

例如：西安地区（北纬 34°15′），冬至中午太阳高度角为 32°18′，建造日光温室高度为 3.0 米，加上草席 1.0 米，后墙为 0.8 米，后墙内侧到中柱距离为 1.2 米，按照以上公式计算，前后两排温室的合理间距应为：

$$x = \frac{4.0}{tg32°18′} - 1.0 = 6.327 - 1.0 = 5.33 \ 米 \approx 5.5 \ 米$$

即阴影的长度约为温室高度的 1.83 倍，实际约为温室高度的 2.1 倍。

再例如：陕西省榆林地区（北纬 38°14′），冬至中午太阳高度角为 28°15′，则建立的温室跨度为 6.0 米，高度 2.8 米，墙厚 1.0 米，中柱距后墙内侧为 1.2 米，那么按以上计算公式可推出两排温室间距离应为 5.89 米，约为高度的 2.1 倍。

表 3-10 列出我国北方不同纬度地区的日光温室前后最低间距设计值，据此可以推算出纬度（x）与间距（y）之间的关系为：

$$y = 0.38x - 9.25$$

所以，冬季纬度越高的地区，太阳高度角越低，造成的阴影长度越长，前后两排温室间距就越大。从间距与温室高度比较看，以上地区的间距大小是温室高度的 1.8～3.4 倍，平均为2.3倍。一般来说,北纬40°以南地区,两排温室的间距可按温室高度的2.0倍设计。如果要想准确计算,可按上面提出的公式具体推算。不过,需提醒的一点是此公式是按每天中午12时晴天条件下计算的间距。为了保证上午9时至下午3时之间的光照无阴影,两排温室的净间距应不低于前排温室高度的2倍。

表3-10 主要北方城市日光温室间距设计值

城市名称	北纬	冬至中午太阳高度角	两排温室间距(米)
齐齐哈尔	47°20′	19°13′	10.29
哈尔滨	45°45′	20°48′	9.33
长 春	43°54′	22°41′	8.36
沈 阳	41°46′	24°47′	7.46
呼和浩特	40°49′	25°44′	7.10
北 京	39°54′	26°36′	6.79
喀 什	39°32′	27°01′	6.65
银 川	38°29′	28°08′	6.28
太 原	37°47′	28°38′	6.13
西 宁	36°35′	29°58′	5.73
兰 州	36°03′	30°32′	5.58
郑 州	34°43′	31°49′	5.28
西 安	34°18′	32°18′	5.13

注:设定温室跨度7米,高度3米,中柱至北墙外侧2.2米,间距是指前排温室北墙外侧至后排温室前沿处距离

(4)附属设施

新型日光温室成片建筑区应设置一些附属设施,如工作室、农具室、值班室、育苗室、锅炉房、水泵房、电管室、化验室等,均安排在温室建筑的背后,以免影响温室的采光,其高度

略低于温室。

锅炉房及烟囱应安排在冬季主要风向的下方。我国北方各地冬季多西北风,锅炉及烟囱应以安排在整个温室建筑的东北侧为宜。

水电控制应有利于排灌水和电源供应,应修好排灌水渠,统一布线,有条不紊。最好在温室东侧建一缓冲间放置农具,并可以供管理人员作为农活准备室。其他设施因温室建筑面积大小而定。如果是农场或科研单位建造温室,一定要配置供科学实验研究的实验室和办公室。

3. 温室建造施工

(1)建造用料

温室规模大小可根据家庭劳力、资金、地力等条件决定。现以广大菜农普遍建筑的竹木结构日光温室为主,介绍建造333.5平方米的1座日光温室所需要的材料。见表3-11。

表 3-11 建造 333.5 平方米竹木结构日光温室用料表

名 称	规 格	数 量	用 途
水泥立柱	340 厘米×12 厘米×12 厘米	23 根	后立柱
	300 厘米×10 厘米×10 厘米	11 根	中立柱 Ⅰ
	230 厘米×10 厘米×10 厘米	11 根	中立柱 Ⅱ
	130 厘米×10 厘米×10 厘米	22 根	前立柱,斜柱
竹 竿	长 7 米,直径 12 厘米	11 根	拱 杆
	长 4 米,直径 3 厘米	150 根	拱 杆
	长 5 米,直径 10 厘米	10 根	前立柱,上檩杆
圆 木	长 2 米,直径 12 厘米	94 根	后屋坡架杆(柁)
	长 2 米,直径 10 厘米	71 根	脊檩和檩条

名　称	规　格	数　量	用　途
铁　丝	8 号	150 千克	横拉铁丝
	12 号	15 千克	绑拱杆和模杆
塑料薄膜	宽 3 米,厚 0.12 毫米,无滴防尘膜	65 千克	前坡面棚膜
	宽 3 米,厚 0.01～0.05 毫米,普通膜	4 千克	后坡防水膜
压膜线	—	8 千克	压　膜
坠　石	重 20 千克石块	50 块	栓铁丝
铁　钉	长 5～8 厘米	130 个	固定铁丝
草　席	长 7.5 米,宽 1.5 米,厚 5 厘米	60	覆盖保温
拉　绳	长 15 米,直径 0.8 厘米	60	拉放草席

温室跨度为 7 米,长度 47 米,总面积 329 平方米,设置 4 排水泥柱,顶高 3.1 米,墙厚 1 米,前沿高 0.8 米。

(2)温室建造程序与方法

①**放线平整地面**　按绘好的平面图,测定方位后,就可以平整地面,插木橛,放线,开始挖地基。墙基用夯打实,最好用砖石作基础。一般地基宽度为 40～50 厘米。

②**建墙体**　墙体包括北墙和东西山墙。打土墙。打土墙取材方便,容易制作。北墙基部宽 1 米,顶部宽 0.8 米,断面为梯形。山墙各打 7 米长,厚度与北墙相同,并按温室设计要求制成前坡拱形和后坡斜度。为避免破坏温室内土壤耕作层,影响作物生长,要求从温室北侧外部取土或异地运土打墙。打土

墙可以"干打垒"或者以草泥堆垛。西北地区属干旱半干旱地区,多数采用干打土墙的方法。建山墙时,东侧应留下高 1～1.5 米、宽 0.5～0.8 米的土门,直接通外或者联结缓冲间。如果建砖墙,应采用 24 厘米＋中空 12 厘米＋内 12 厘米的方式建造,每隔 3 米应修建一个 48 厘米×24 厘米的砖柱,在中空部分填入珍珠岩、蛭石、煤渣、泡沫等保温材料。外侧用草泥涂抹 1 层,防止漏风。在建墙体时,往往发现土墙相联部分缝隙过大,这是打土墙时墙体层次联结不好的缘故,所以,打墙时每层墙应适当错位,便于咬合紧密。还可以在打完墙后,外侧涂抹 1 层草泥,堵住裂缝。另外,还发现许多地区打土墙时季节太晚或者适逢雨季,结果造成塌墙、湿度大、室温低的现象。因此,各地建墙体应提早动手,夏季打墙,晾晒干透,就可以防止出现上述问题。

③埋设立柱　墙体完工后,可先在离北墙 0.8 米处按1.8 米的间距埋设后立柱,埋深 0.5 米,地上部高 2.9 米,基部应放一块面积大于立柱横截面的基石,埋后覆土以大锤夯实,并使其略向后墙倾斜 4°～5°,以平衡坡重力。其次埋中立柱 I,距后立柱 2 米,按 3.6 米的间距,埋深 0.5 米,地上部高2.5 米,垂直埋入。再埋中立柱 II,距中立柱 I 2 米,按 3 米的间距,埋深 0.5 米,地上部 1.8 米,垂直埋入。在前立柱前 0.2米处,相对应建一排斜柱,主要起承担前坡重力的分力和横向拉杆支架作用,斜柱长 1.3 米,埋深 0.47 米,地上斜部 0.83米,间隔仍是 3.6 米。以上各排立柱基部都要放入基石,防止立柱下沉。

④上后坡　先用 φ10 厘米、长 200 厘米的杂木架柁,将小端架在后墙上,大端放在后排立柱上。可先在大端上锯出"V"字形缺口,搭上后立柱,不会发生滚动,用 12 号铁丝绑紧。

如果后立柱是木头,可用铁锔子连接固定。小端放在后墙上用草泥固定。这样顶高距地面3.1米,桩间距为50厘米左右。山墙上也放两根柁木,防止拉铁丝时勒入山墙。

柁架完后,要架脊檩和檩条。用ϕ10厘米、长200厘米木头按照后立柱的间距搭在柁上面。脊檩对接时可以用两斜面对合,用钉子或钯锔固定在柁上。檩条与柁固定也与上面一样,均匀架设2行檩条即可。

⑤架前屋面 前屋面由拱架、薄膜、铁丝、压膜线、草帘等组成。先用ϕ12厘米、长650厘米的毛竹作主架杆,大头在上和后坡架杆间相接用铁丝固定,小头在下和斜柱、前沿柱顶部相接用铁丝固定,中间和中立柱、前立柱顶部相接用铁丝固定。间距360厘米,每间1根,共计11根。为了固定稳牢固,前、中、后柱上应预先做好槽口,使拱架紧紧嵌入中间为好。

然后上前、后坡铁丝。前坡共用8号铁丝20根,其中3根要均匀地放在拱杆下作吊丝,用另外17根在拱杆上均匀铺设,间距在40厘米左右,并拉紧固定在主架杆上,两边固定在坠石上。事先在西山墙外1.5米处,各挖一道长6米、宽0.5米、深1.5米的坠石沟,每道沟里埋入25块坠石,坠石上预先接好铁丝。坠石要埋好夯实。当纵向固定铁丝时,用紧线器绞紧8号铁丝。后坡用5道铁丝,其中1根在柁下作吊丝,固定方法同前坡。两山墙都要放好木杆。再用直径3厘米的竹竿,按60厘米的间距固定在8号铁丝上,前屋面骨架就完工了。

⑥上后屋面 后屋面是蓄热保温吸湿混合一体的围护结构。先用一层薄膜铺设后,把玉米或高粱秸捆成直径20厘米左右的捆,每两捆为一组,梢对梢上下铺放,上面一捆的根露出脊檩外15厘米,下面一捆的根接触后墙。捆与捆靠紧,并与檩条之间绑缚固定,用麦秸等把后坡铺平。然后抹2厘米厚草

泥,待泥土稍干后,再抹第二遍泥,厚2厘米。在草泥层上铺一层3～4厘米厚的水泥抹面,同时注意后坡东西方向要铺留管理人员过道,便于揭盖草帘。另外,如设立通风口,在后屋面上每隔3.6米,设一个长、宽均为45厘米×35厘米的通风口。

⑦挖防寒沟 在距拱杆前端0.4米处挖宽0.4米、深0.5米、东西走向的防寒沟。沟内填入柴草、炉渣等隔热材料,上部压15厘米厚的粘土,并铺一层旧薄膜用土盖好。

⑧铺设薄膜 薄膜总宽度应比拱杆弧度宽1米左右,长度比温室长度长2～3米。薄膜用幅宽3米、厚0.12毫米的聚氯乙烯无滴膜,3块熨烫粘接成整体,接缝叠压5厘米,上部留0.5～0.7米,以木条和铁钉固定在脊檩上,再将多余部分包上去,用麦秸泥固定。下部用力拉紧后,以土压紧。两山墙处也应用木条和铁丝固定在山墙外侧。另外,如果后屋坡不留通风口,就要在温室顶部薄膜上事先粘接一块宽60厘米的塑料薄膜,内穿14号铁丝,作为通风口的拉线,一旦要通风,就从顶部扒缝通风。

最后,上好压膜线,上端用铁钉固定在脊檩上,下端系在地锚上,每隔1.2～1.8米压一道压膜线。

⑨上草帘 草帘一般长8～10米,宽1.5～1.7米,厚3～5厘米,每床草帘重40～50千克。在后坡东西向拉一铁丝固定草帘。同时草帘下固定两根拉草帘用的草绳,长度是草帘的2倍。草帘相互重叠15厘米左右。

(3)钢管结构日光温室施工注意事项

近年来,钢管结构日光温室修建逐年增多,施工中应注意以下问题:

第一,无立柱日光温室的后墙和前拱脚基础承受着较大的水平推力,若砖墙砌筑砂浆强度不够,将会导致后墙和前拱脚基础的破坏,桁架拱脚一但产生位移,整个桁架的承载能力将会大大降低,甚至于失去承载能力。因此,施工时一定严格控制砌筑砂浆的强度,其强度等级一般不应小于 M5。

第二,轻钢桁架的下弦应尽可能采用通长钢筋;上弦管件的长度不够时,应采用焊接连接,连接点应避开受拉区域,一般将连接点布置在上弦前坡面总长度的二分点以上,在前坡面肩部上弦杆不允许焊接。桁架横向支撑的搭接可采用穿套管螺栓联结的方法。

第三,选用聚苯乙烯泡沫塑料板作墙体或后屋面保温材料时,其容重不宜小于 15 千克/米³;容重过小时,施工过程中板材易掉角或破碎,制成的复合保温板的强度也会受到一定影响。

第四,采用焊接钢桁架时,所有屋面钢构件应严格进行除锈,并刷防锈漆两遍。使用过程中,每年都得除锈,刷防锈漆,否则,其使用寿命将会受到影响。

第五,为了提高内墙面的反光作用,增加室内的光照强度,温室内墙面宜用简易石灰砂浆粉面,并用石灰浆喷白。

以上就是温室建造过程。一般建造时间宜在 7～8 月份,9 月上旬完工。建造时间过晚会影响育苗生产,也会影响冬季温室的温度。

四、新型日光温室温度调控技术

（一）保温技术

日光温室白天接受阳光，积累热量，提高室温，但到夜间许多热量流失出去，室温下降，所以，尽量减少热量损失就涉及到保温性能。为了搞好保温，则要先了解温室的热量损失途径，堵塞热量损失渠道，避开不利因素，提高保温性能。

研究表明，夜间温室内热量的来源是土壤中蓄积的热能，这些热能通过热辐射加热室内空气，并以贯流放热、缝隙放热和土壤横向传热三种主要放热形式消耗掉（图 4-1）。贯流放

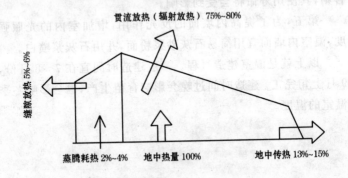

图 4-1　不加温温室夜间放热状况

热是指透过覆盖材料或围护结构的热量，包括墙体、透明前屋面等部分。这部分消耗热量最大，占总耗热的 75%～80%。其

中透明覆盖层散热又占贯流放热量的90%左右,墙体散热只占10%左右。缝隙散热也叫通风换气放热,是指通过建筑材料的裂缝、覆盖物破损处及门、窗缝隙等部位的热量损失。由于日光温室冬季生产注重保温,墙体及门窗修建严密,所以,这部分耗热量最小,占总耗热量的5%~6%。土壤横向传热是由于室内外土壤温差大,水平方向的横向传热占总耗热量的13%~15%,是一个不可忽视的放热途径。

根据以上分析,只要白天加大土壤对太阳能辐射的吸收率,夜间减少三种放热,就可以提高夜间室温。所以,保温途径就是增大地表热流量,减少放热途径。

1. 增大温室的透光率

按照前面所叙述的方法,正确调节温室的方位,合理设计温室前后屋面坡度,使用无滴薄膜,保持清洁干净,尽量争取获得最大透光率,使土壤积累更多的热能。

2. 采取多层覆盖,减少贯流放热量

要防止热量通过透明前屋面流失,最有效最实用和最经济的方法就是采取多层覆盖。一般覆盖物有薄膜、稻草帘、芦苇、牛皮纸、蒲席、反光膜、泡沫塑料制品、棉纤维织品、棉被等,它们的保温效果详见表4-1。

表4-1 不同覆盖材料的保温效果 (单位:℃)

材料	保温效果	材料	保温效果
塑料薄膜	2~3	反光膜	2~3
草帘	5~6	保温被	3~4
蒲席	3~4	泡沫塑料被	4~6

材　料	保温效果	材　料	保温效果
牛皮纸(4层)	3～5	无 纺 布	1～3
保 温 幕	1～2	棉　被	7～10

如果利用以上保温材料做多层覆盖,其保温性会大大提高。实践表明,每增加 1 层薄膜覆盖就可减少热损耗 30%～35%,覆盖 2 层薄膜可减少热损耗 45%以上。所以,覆盖层数越多,防寒保温性能越好。

多层保温覆盖的方式主要分内覆盖和外覆盖两种方式。内覆盖是指在结构覆盖材料内覆盖双层或多层保温材料,一般选用薄膜、无纺布等材料,如温室＋保温幕、温室＋中小棚、温室＋地膜等。外覆盖是指在结构覆盖材料外再覆盖草帘、薄膜等保温材料,如温室＋草帘、温室＋牛皮纸被＋草帘、温室＋薄膜等。多层覆盖的主要搭配方式如图 4-2 所示。

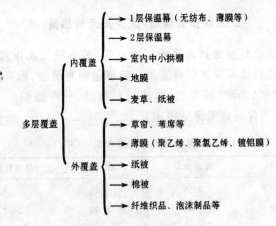

图 4-2　多层覆盖的搭配方式

据笔者多年的试验证明,日光温室冬季采用多层覆盖保温是一项十分重要的措施,它广泛应用在黄瓜、番茄、西葫芦、辣椒等蔬菜生产上,取得了明显的效果。一般3层覆盖比2层覆盖提高室温3℃左右,2层覆盖又比单层覆盖提高室温2.5℃左右。从黄瓜生产看,双层覆盖比单层覆盖提高产量10%～20%,产值增加20%以上;3层覆盖可比单层覆盖增加产量和产值在30%左右。

在选用日光温室覆盖保温材料时,应强调覆盖材料质量与厚度。各地实践证明,草帘的覆盖厚度要求达到5厘米以上,过薄过稀的草帘达不到理想的保温目的。另外,采用复合编织布、复合泡沫制品和塑料制品做成保温被具有保温、不透水、揭盖方便、结实耐用等特点,是今后取代草帘的理想覆盖材料。

3. 挖防寒沟

在温室的南端10厘米左右处,挖一道防寒沟,其深度和宽度应超过当地最大冻土层。如陕西省西安最大冻土层为45厘米,所以应挖50厘米×50厘米。沟内填上玉米秸秆、麦草、煤渣等保温材料,上面盖一层薄膜后覆土压实,就可以有效防止土壤热量损失。

4. 增大保温比,减少热消耗

所谓保温比就是保护地内的土壤面积 As 与覆盖及围护表面积 Aw 之比(As/Aw),最大值为1。保温比越小,说明覆盖及围护表面积越大,贯流放热越多,保温能力越差。虽然白天升温快,但夜间散热多,昼夜温差大,对作物生长不利。新型日光温室之所以温度高,关键的一个原因是加厚墙体结构和后屋坡,近似地把墙体面积转化为土壤面积,围护面积(Aw)仅留下南屋面透明薄膜面,大大提高了保温比。

(二)加温技术

在我国北方地区,冬春季为了维持温室内一定温度,保证喜温性蔬菜正常生长发育,必要时就需要加温。过去人们往往有一种错误看法,认为日光温室是不能加温生产的,只能靠阳光升温,一旦加温就失去了本来的意义,所以,即使室内温度已下降到2℃以下,仍不加温,结果造成大批菜苗受冻,严重的冻死,损失极大,同时也严重挫伤了菜农的积极性。事实上,我国目前推行的日光温室,从结构上已做了改进,达到了优化结构,充分利用了自然界的光和热,提高了透光率和保温性。但是,也应该清楚地认识到,仅靠一层围护结构和几面墙体就可以达到喜温性蔬菜周年生产的目的,是远远不够的。从全国各地经验报道可以看出,这种结构在冬春寒冷季节能保持最低温度在8℃以上,已经是发挥了最大潜力,况且外界的条件必须是晴天多,阴天少,寒流时间短。而黄瓜、番茄、辣椒等喜温性蔬菜正常生长发育应在20℃以上,最低也要在12℃以上,8℃左右仅是维持喜温性蔬菜的生命条件。这种温度持续不能过长,否则蔬菜生长仍受到影响。

加温的办法是多种多样的,各有优缺点,效果也不同。其主要加温方法与设施、设备如下。

1. 火道加温

(1)意义及原理

火道加温是用砖砌成炉灶与炉身,形成一个火道传热结构。主要是燃烧无烟煤,通过火道的热辐射作用提高温室内气温的一种方法。这种加温方法结构简单,成本较低,主要适用于跨度 5 米左右、高度不超过 2.5 米的小型日光温室的补充加温。这种加温方法每个炉子的火道长度不超过 15 米,日耗煤量 15～30 千克,热效率只有 30% 左右;预热时间长,难以控制,费工力。但是,由于建火道传热结构费用低,适合于一家一户温室的短期补温,目前仍受到广大菜农的欢迎。

（2）使用特点

第一,为了节约用煤,可用粉煤以 3：1 的比例与土混合制成煤饼作燃料,如有块状无烟煤更好。

第二,一般填火时烧煤饼,封火时下部用煤饼,上部用小块煤,最上面用湿煤泥。

第三,主要烧火时间:夜间 20 时和 0 时各填煤 1 次。如果外界气温过低,温室内温度达不到要求时,夜间 3 时左右还需填 1 次煤。一般,晴天早晨 8 时疏火清炉、填煤封火,往往可维持 1 天。如遇阴雨天气、白天气温较低时不要封火,中午 2 时还需填煤,以维持温室所需温度为原则。

（3）性　能

①温度变化特点　白天靠日光增温,夜间靠火道加温。加温条件下,平均室温 20℃～30℃,最低温 15℃～20℃,地温 15℃～20℃。

②不同天气增温效果　晴天平均增温 19℃,阴雪天平均增温 11℃,多云天气平均增温 17℃。

③温度水平分布　前排温度低,后排温度高,前后排相差 3℃～5℃。

2. 水暖锅炉采暖设备

水暖锅炉采暖的性能及注意事项如下:

第一,该锅炉为常压热水锅炉,水烧到 70℃ 以上,就会自动循环,温度越高,循环越快,散热量越大。因而不用安装压力表,有条件时可装 1 支锅炉温度表。

第二,该锅炉一般出水口温度可达 70℃～90℃,温室温度依锅炉出水口水温高低和送水距离长短而不同,一般回水口温度可达 50℃～70℃。

第三,一般夜间、阴雪天外界温度达 -5℃ 以下、室内温度达不到作物生长要求时再燃烧运行。

第四,该锅炉在不同地区不同条件下使用,采暖面积为 300 平方米左右,日耗煤 50～100 千克。

第五,采暖效果好,一般情况下可增温 10℃ 左右。

3. 酿热加温

利用有机物酿热补充加温是一种较古老的加温方式。这种加温方式成本较低,取材方便,温度比对照提高 3℃～4℃,所以深受菜农的欢迎。

(1)酿热料配合

酿热料发热原理是在适宜环境下,微生物充分活动,分解有机物,释放出热量。微生物正常活动的环境条件是碳氮比(C/N)为 20～30,含水量为 70%,氧气含量 10%～20%,温度为 10℃ 以上。所以,选择酿热物配料就要以此为依据。酿热材料的种类、数量和配比都直接影响发热量的大小和持续时间的长短。常见的酿热材料 C/N 可参考表 4-2。

表 4-2 各种酿热材料的碳氮比

种　类	C(%)	N(%)	C/N	种　类	C(%)	N(%)	C/N
稻　草	42.0	0.60	70	大豆饼	50.0	9.00	5.5
大麦秆	47.0	0.60	78	棉籽饼	16.0	5.00	3.2
小麦秆	46.5	0.65	72	松落叶	42.0	1.42	29.6
玉米秆	43.3	1.67	26	栎落叶	49.0	2.00	24.5
新鲜厩肥（干）	25.0	2.80	27	牛　粪*	14.5	0.35	23
速成堆肥（干）	56.0	2.60	22	马　粪*	21.5	0.45	28
米　糠	37.0	1.70	22	猪　粪*	15.0	0.55	15
纺织屑	59.2	2.32	23	羊　粪*	25.0	0.75	20

注：* 为换算数字　　　　　　　　选自《蔬菜保护地栽培学》

如果以 1 立方米体积计算，酿热材料配合数量如下：

一是晒干的新鲜马粪、牛粪、羊粪、鸡粪、油渣、棉籽壳等1 立方米。

二是晒干的碎新鲜麦草、稻草、树叶、麦糠、稻壳、玉米秆等 350 千克。

三是新鲜人粪尿、牲畜尿 50 千克，水分含量达 60% 左右。

四是加入尿素 5 千克或碳酸氢铵 25 千克，生石灰 8 千克。

（2）应用效果

一般填好料后，上面填好土，盖上薄膜以及草帘，5～7 天料温可上升到 70℃ 左右。然后温度慢慢下降，30 天左右料温下降至 40℃ 左右，这样可以维持 40～50 天。

有酿热补充温度的温室，晴天白天气温可达 25℃～

30℃,10 厘米土温达 18℃～20℃;夜间温室内最低气温在 12℃以上,10 厘米土温达 15℃以上。即使连续阴天,室内最低土温也可达 12℃以上。

4. 电热线加温

利用电加温线,铺于温室内,是一种简便、快速、效果好的加温方法。但此方法耗电量较大,只能作短期临时加温。目前,利用电热线加温主要有两个用途:一是电热温床育苗,二是补充加温。

电热温床是在温室和大棚内的栽培床上,做成育苗用的平畦,在育苗床上铺上电加温线而成。

(1)电热加温原理及电热加温设备

电热加温是利用电流通过阻力大的导体,将电能转变成热能使室内增温,并保持一定温度。一般 1 千瓦/小时的电能可产生 3.6 兆焦的热量。电热加温具有升温快、温度均匀、易调控等优点,是适合于自动化控温育苗的好方法。

电热加温设备一般包括电加温线(表 4-3)、控温仪、继电器、电闸盒、配电盘等。

表 4-3　DV 系列电加温线主要技术参数

型　号	电压（伏）	电流（安）	功率（瓦）	长度（米）	包标	使用温度（℃）	备　注
DV20410	220	2	400	100	黑	≤45	畜牧专用
DV20406	220	2	400	60	棕	≤40	
DV20608	220	3	600	80	蓝	≤40	
DV20810	220	4	800	100	黄	≤40	
DV21012	220	5	1000	120	绿	≤40	

①选定功率密度 功率密度是指每平方米电热温床平均占有的电热线的功率(瓦数)。瓦数密度的大小取决于当地气候条件、育苗季节、蔬菜种类及使用的设备。一般来说,可以选功率密度在 80～120 瓦/米²,阳畦应为 80～100 瓦/米²,温室内应为 70～90 瓦/米²。

②电加温线与控温仪的联接 电加温线和控温仪配套使用有两个优点:一是节约用电,可以节电 1/3 左右;二是不会使温度超过作物许可范围。

KWD 控温仪可与电加温线配套使用,它的直接负载是 2 千瓦,可带 800～1 000 瓦电加温线 2 根,或 600 瓦的电加温线 3 根,或 400 瓦的电加温线 5 根。

控温仪和电加温线配套使用的联接方法有以下两种:

一种是控温仪直接负载电加温线,在电热线总功率不大于 2 000 瓦时使用,接法见图 4-3。

另一种接法是控温仪外加一交流接触器,再与电源相接。这种方法可负载较多的电加温线,在电热线总功率大于 2 000 瓦时使用,这时控温仪应只直接和接触器的线圈发生控制作用,而电加温线则受接触器的触点控制。这种方法根据电源的不同又分两种,即单相+接触器+控温仪接线法和三相四线制接线法。

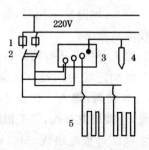

图 4-3 单相控温仪接线法

1. 保险丝 2. 闸刀
3. KWD 控温仪 4. 感温头
5. 电加温线

(2)使用电加温线应注意的问题

第一,严禁成圈加温线在空气中通电使用。

第二，加温线不得剪短使用，布线时不得交叉、重叠和扎结。

第三，土壤加温时应把整根电加温线（包括与引出线的接头部分）全部埋在土中。

第四，每根电加温线的工作电压必须是220伏。两根以上电热线一起使用时，不可串联，只能并联。

第五，使用380伏三相电源时，只许采用"Y"字形接法，而不能采用"A"字形接法，以保证电加温线的工作电压仍为220伏。

第六，电加温线铺设和取出时，都要避免生拉硬拽和用锹锄挖掘。

第七，旧加温线每年应做1次绝缘检查。可将线浸在水中，引出线端接在电工用的兆欧表一端上，表的另一端插入水中，摇动兆欧表绝缘电阻应大于1毫欧。

第八，加温线不用时，要妥善保管，放置阴凉处，并防鼠、虫咬坏绝缘层。

除了电热温床育苗外，可用电加温线作补充加温方式。

电加温线的铺设方法是在整好的栽培小高畦中央挖深10厘米的沟，埋入1根长100米800瓦的电热线，按南北畦铺设，连续回龙布线，每1根电热线可铺13畦左右。采用并联方法联结每根电热线，每公顷日光温室需要电加温线120～150根。

加温方法是每天早晨6～8时开始加温2小时即可。如果是阴雪天，可从夜间22时加温至早晨6时。白天一律不加温，夜间加温时间长短可以根据外界天气情况而定。总之，既要节约用电量，又要保证土温不可过低。

5. 暖风加温

暖风加温方便易行,不需要设置大量的管道,而是将由热风炉供暖系统产生的 60℃～80℃ 的热空气吹入温室内,提高室温。热风炉供暖系统(价格 4000 元左右)主要由热风炉、离心道风机、电控箱、有孔风管等组成,每台可产热风量 6000～8000 米³/小时,耗煤 30～60 千克/小时,可供 300～600 平方米温室利用,是冬季采暖的好方法。

(三)降温技术

北方地区,特别是西北干旱少雨地区,春秋季外界气温变化很大,而此时正值日光温室蔬菜生产季节,棚膜不宜过早拆除,以保证作物生长良好,并预防突如其来的低温天气。若遇晴天、光照强度大时,室内温度上升很快,有时仅靠自然通风不能满足作物生育要求,必须进行人工降温。根据日光温室的热收支,降温措施可从三方面考虑:减少进入温室中的太阳辐射能;增大温室的潜热消耗;增大温室的通风换气量。目前适用于日光温室降温的方法有通风降温、室内喷雾降温和室外遮光降温等方法。

1. 通风降温

通风降温是日光温室最简单、最常用的降温方法。它可以降低室内温度,同时可提供新鲜空气,增加二氧化碳的含量,排除各种有毒气体,对蔬菜生长极为有利。通风的方法除打开门窗进行自然通风以外,必要时可通过风扇等进行强制通风。

2. 室内喷雾降温

室内喷雾降温就是在室内高处喷以直径小于 0.05 毫米的浮游性细雾,用强制通风气流使细雾蒸发达到全室降温,喷雾适当时室内可均匀降温。缺点是喷水过多时增加了室内空气湿度,容易使蔬菜发病。

3. 遮光降温

研究表明:遮光 20%～30%时,室温相应可降低 4℃～6℃。遮光降温分为内张型和外张型两种。

（1）内张型

是在温室内与层顶相距 40 厘米左右处张挂遮光幕,遮光幕的质地以温度辐射率越小越好。可用遮阳网或无纺布遮光,一般塑料遮阳网都做成黑色或墨绿色,也有的做成银灰色。室内用的白色无纺布保温幕透光率 70%左右,也可兼作遮光幕用,可降低室温 2℃～3℃。内张型遮光棚架在温室内,揭盖等管理工作都在室内,位置较低,操作方便。

内张型遮光降温效果不如外张型,因阳光已进入温室,遮光幕虽有遮光的作用,但降温的效果较差。

（2）外张型

是在温室采光屋面外表面用遮阳网或无纺布遮阳。外张型是在温室的外面阻挡阳光进入温室,热量是在室外散发,降温效果好。

日光温室遮光降温一般无机械控制,所以操作很不方便。

五、新型日光温室光照环境
调控技术

(一)选用适宜的透明覆盖材料

一般干净薄膜的透光损失率为 20%,如果吸附水滴和尘染又会损失 20%。所以选择无滴、长寿、多功能薄膜是增加透光性的有效措施。

透明覆盖材料的选择要求性能优良,轻便耐用,铺卷方便,价格合理。我国目前生产中主要使用塑料薄膜。以基础原料而言,主要是聚氯乙烯(PVC)薄膜和聚乙烯(PE)薄膜两大类。20 世纪 90 年代初又研制开发出乙烯-醋酸乙烯(EVA)多功能复合膜。现分别就其性能和用途做一简单介绍。

1.聚乙烯(PE)普通膜

这类膜透光性好,无增塑剂污染,尘埃附着轻,透光率下降缓慢;耐低温性强,低温脆化温度为 −70℃;相对密度 0.92 克/厘米^2,只相当于聚氯乙烯(PVC)棚膜的 76%,同等重量的膜覆盖面积可比聚氯乙烯(PVC)棚膜增加 24%;红外线透过率高达 87% 以上。但夜间保温性较差;雾滴重;耐候性差,尤其不耐日晒;高温软化温度为 50℃;延伸率大(400%),弹性差;不耐老化,连续使用时间多为 4~6 个月,覆盖日光温室一般只能使用一个生产年度,覆盖大棚一般不能越夏。

2. 聚氯乙烯普通膜

新膜透光性好,但随着时间的推移,增塑剂渗出,吸尘严重,且不易清洗,透光率锐减,红外线透过率比聚乙烯(PE)膜低10%。夜间保温性好,高温软化温度为100℃,耐高温日晒,弹性小,延伸率小(180%)。耐老化,一般可连续使用1年左右。易粘补,透湿性比聚乙烯膜强,雾点比聚乙烯膜轻。耐低温性差,低温脆化温度为−50℃,硬化温度为−30℃。相对密度大(1.30克/厘米^2),同等重量棚膜的覆盖面积比聚乙烯棚膜小24%。聚氯乙烯棚膜适用于夜间保温性要求高的地区和蔬菜设施,适于作较长期连续覆盖栽培。

3. 聚乙烯长寿(或防老化)棚膜

在生产聚乙烯普通膜的原料里,按一定比例加入紫外线吸收剂、抗氧化剂等防老化剂,克服聚乙烯普通膜不耐日晒高温、不耐老化的缺点,以延长使用寿命。目前我国生产的聚乙烯长寿膜大都是0.12毫米厚,可连续使用2年以上。

聚乙烯长寿膜的其他性能特点与聚乙烯普通膜基本相同。这种棚膜可作长期覆盖栽培。要注意减少膜面尘土,维持膜面清洁,保持较好的透光性。

4. 聚氯乙烯无滴棚膜

在聚氯乙烯普通棚膜的原料配方的基础上,按一定的配比加表面活性剂(防雾剂),使棚膜的表面张力与水相同,使温室大棚薄膜下表面凝聚水能在膜面形成一薄层水膜,沿膜面流入底脚土壤中,而不滞留在膜的表面形成露珠。由于薄膜下表面不结露,使温室和大棚内的空气湿度有所降低,又因没有露珠下滴到蔬菜作物上,可以减轻病害。更主要的是避免露珠对阳光漫射和吸收蒸发耗能,所以设施内光照增强,晴天升温快,对蔬菜作物十分有利。在管理上,必须注意通风和调节温度。

聚氯乙烯无滴膜最适于日光温室冬季和早春蔬菜生产。其他性能特点与原聚氯乙烯普通膜相似。

5. 聚乙烯长寿无滴膜

在聚乙烯长寿膜的配方中加入防雾剂。适于冬春连续覆盖栽培。注意减少膜面上的尘土,使整个有效使用期内都能保持较好的透光性。每天通风管理的时间要适当提前。

6. 聚乙烯复合多功能棚膜

在聚乙烯普通膜的原料中加入多种功能的助剂,使棚膜具有更多的功能。北京市塑料研究所研制的薄型耐老化多功能棚膜,就是把长寿、保温、全光、防病等多种功能融为一体。0.05~0.1毫米厚的膜能连续使用1年左右。夜间保温性比聚乙烯普通膜高1℃~2℃。全光能达到能使50%的直射光变为散射光。每667平方米的设施费用比聚乙烯普通膜减少37.5%~50%或以上。这种膜既薄、透光率又高,保温性也好,晴天上午设施内升温快。在管理上要提前通风,增大通风量。薄型耐老化多功能棚膜适用于塑料薄膜日光温室蔬菜冬季高效节能栽培和早熟栽培。

7. 漫反射棚膜

在聚乙烯普通膜的树脂原料中,掺入对太阳光的透射率高、反射率低、化学性质稳定的漫反射晶核,使棚膜具有抑制垂直入射阳光的透光作用,既可以使直射阳光透过薄膜后,在棚室内形成均匀的散射光,降低中午前后温室和大棚温度的峰值,防止高温危害;同时又能随太阳高度降低,使阳光透射率相对增加,早晚太阳光可尽量进入温室和大棚内,提高光强和温度,促进光合作用。

漫反射棚膜的夜间保温性好,积温性比聚乙烯和聚氯乙烯普通棚膜都强。使用这种棚膜,通风强度不宜过大。

8. 转光膜

转光膜是在各种功能性聚乙烯薄膜中添加某种荧光化合物和介质助剂而成。这种膜具有光转换特性,当其受到太阳光照射时,可将吸收的紫外线(290~400纳米)区能量的大部分转化成为有利于作物光合作用的橙红光(600~700纳米)。转光膜的另一显著特点是保温性能较好,尤其在严寒季节更为明显,可使室温提高2℃~4℃。有的转光膜在阴天或在晴天的早晚,棚室内气温高于同质的聚乙烯膜,而晴天中午反而低于聚乙烯膜。

9. 紫色膜和蓝色膜

紫色膜和蓝色膜有两种:一种是在无滴长寿聚乙烯膜基础上加入适当的紫色或蓝色颜料;另一种是在转光膜的基础上添加蓝色或紫色颜料。两种薄膜的蓝、紫色透光率均增加。紫色膜适用于韭菜、茴香、芹菜、莴苣等蔬菜;蓝色膜对防止水稻育秧时的烂秧效果显著。

有色膜的分光透过率与其本身的色调有关。红色膜在蓝绿光区透过率低,而在红光区透过率提高;青色膜则在黄红光区透过率较低,蓝、紫、绿光区透过率较高等等。

10. 乙烯-醋酸乙烯多功能复合薄膜

它是以乙烯-醋酸乙烯共聚物(EVA)树脂为主体的3层复合功能性薄膜。其厚度为0.1~0.12毫米,幅宽为2~12米。由于醋酸乙烯(VA)的引入,使EVA树脂具有许多独特的性能。主要是:结晶性降低,使薄膜有良好的透明性;耐低温,耐冲击,因而不易开裂;具有弱极性使其与防雾滴剂有良好的相容性,EVA膜的流滴持效期长;EVA膜红外阻隔率高于聚乙烯膜,故保温性好(但较聚氯乙烯膜差)。

(二)反光膜的应用

反光膜是指表面镀有铝粉的银色聚酯膜。这种膜一般幅宽1米,厚度为0.005毫米以上。将此膜挂在日光温室的后柱附近,可将照到北侧的阳光反射到后柱前面,可明显提高温室北半部的光照量,并有增加地温和气温的效果。

1. 反光膜的应用效果

(1)可明显增加温室内的光照强度

反光膜在水平方向的增光有效范围在2米以内,比对照增光率高31.8%~70.9%。另外,在垂直方向增光有效范围是50厘米以下。

(2)可增加温室内的空气温度和土温

由于反光膜可增加温室内的光照强度,因此,必然增加温室内的气温和土温。增加范围与光照条件一致,一般可提高气温1.2℃~2.3℃,提高5厘米土温1℃,提高10厘米土温0.5℃。

(3)可降低空气相对湿度，减轻病害发病率

试验发现，温室设置反光膜区内的空气相对湿度比对照区下降 10%，降低灰霉病发病率 10.1%。

(4)可促进作物生长发育，提高产量和产值

据试验证明，温室设置反光膜区栽培的番茄茎粗、株高、叶片数多，比对照区提高现花率 10%，增加座果率 15%~17%。每 667 平方米增加早期产量 215.4 千克和总产量 197.9 千克，增产率分别为 20.4% 和 7.1%。增加早期产值 407.1 元，增值率为 29.7%；增加总产值 766.9 元，增值率为 20.9%。挂反光膜区的黄瓜比对照区提高雌花率 12%~30%，降低化瓜率 21.1%。每 667 平方米可增加早期产量和总产量都为 753 千克，增产率分别为 21.5% 和 12.6%；可增加早期产值和总产值分别为 698.4 元和 602.4 元，增值率分别为 21.8% 和 12.6%。扣除反光膜每 667 平方米投资 130 元，可连续使用 2 年，每年折旧费以 65 元计算，黄瓜每 667 平方米总产值可净增加 537.4 元，产出与投入比为 11.8。这是一项投资少、效益好的实用技术。

2. 应用方法及注意事项

第一，反光膜宽度不应小于 1 米，否则反光面太小，对温室前部的反光作用不明显。也可粘接成 2 米左右宽的反光膜，把上端分别搭在事先拉好的铁丝上，折过来用透明胶纸粘牢，下端坠吊竹竿或用细绳拉紧即可。

第二，张挂反光膜不要紧贴北墙，否则白天照射的日光会被全部反射到温室前部，温室北墙体吸收不上热，到夜间墙体成为冷墙，不利于保温防寒。

第三，反光膜使用季节应该是早春 1~4 月份和秋冬季

11～12月份,此时光照弱,效果明显。

第四,反光膜使用的对象是单屋面日光温室,大棚等拱棚使用效果较差,不宜采用。

（三）人工补光

1. 人工光源的选择标准

选择人工光源可参照以下标准:

（1）人工光源的光谱性能

植物对光谱的吸收性能是选择光源的主要依据。植物进行光合作用主要吸收 400～500 纳米的蓝光、紫光区和 600～700 纳米的红光区。因此要求人工光源光谱中富有红光和蓝光、紫光。

（2）发光效率

光源发出的光能与光源的电功率之比,称为光源的发光效率。光源的发光效率越高,所消耗的电能越小,这对节约能源、减少经济支出都有明显的效益。光源所消耗的电能,一部分转变为光能,其余的转变为热能。选择人工光源时应选择发光效率高的光源。

人工光源的发光效率 V 有三种表示方法,实际是表示单位差异。其表示方法分别为:

ml/w（流明/瓦）; mW/W（毫瓦/瓦）; μmol/W（微摩/瓦）。

（3）其他因素

在选择人工光源时还应考虑到其他一些因素,如光源的寿命、安装维护是否方便以及价格等。

2. 人工光源的选择

对于日光温室蔬菜生产补光的目的来讲,主要是补充光照强度及延长光照时间,所以要选择光谱性能好、发光效率高和光强大的光源。同时,还应考虑价格便宜、使用寿命长的因素。其中光谱性能是指其光源能量分布应符合种植作物的需用光谱。根据蔬菜对光谱吸收性能分析,蔬菜的光合作用主要是在 400～500 纳米的蓝、紫光区和 600～700 纳米的红光区,所以要求光源有丰富的红色光和蓝、紫光。另外,对于覆盖聚氯乙烯薄膜的日光温室,透过紫外线不足,还要求光源光谱中包含有 300～400 纳米的紫外光谱。发光效率实际是指单位电功率发出的光量大小。光源的发光率越高,单位电功率发出的光量就越大,相同的照度水平所消耗的电能就越小,因此,应选择发光效率高的光源。

目前,常用的温室人工光源有白炽灯、荧光灯、高压水银灯、金属卤化物灯和氙灯等,其主要性能见表 5-1 所示。

表 5-1　常用的温室人工光源性能

光源灯型	发 光 原 理	功　率 (瓦)	发光效率 (流明/瓦)	主要光谱	寿　命 (小时)
白炽灯	由电流通过灯丝的热能效应而产生光	15～1000	10～15	红橙光	1000
荧光灯	电流通过灯丝加热→氧化钍发射电子→冲击汞原子→刺激管壁荧光粉而发光	40	65～85	类似阳光	3000

光源灯型	发光原理	功率 （瓦）	发光效率 （流明/瓦）	主要光谱	寿命 （小时）
高压水银灯（高压汞灯）	高强度放电管，管内装有主副电极，并充有 202.65～405.30 千帕的水银蒸汽和少量氩气，电子冲击引起激发和电离产生辐射	400～1000	40～60	蓝绿光及紫外辐射	5000
金属卤化物灯	放电管内除放有高压汞蒸汽外，还添加碘、溴、锡、钠、镝等金属卤化物	200～400	60～80	蓝绿光及红橙光	几千小时

从表中可知，白炽灯是热辐射，红外线比例较大，发光效率低，但价格便宜，主要应用于光周期的照明光源；荧光灯发光效率高，光色好，寿命长，价格低，但单灯功率较小，只用于育苗；高压水银灯功率大，寿命长，光色好，适合温室补光；金属卤化物灯具有光效高、光色好、寿命长和功率大的特点，是最理想的人工补光的光源。

3. 不同种类和品种的作物对光照的要求

番茄、甜椒、茄子一类喜光作物的光饱和点在 4 万～5 万勒以上，而菠菜、生菜等一类耐弱光作物光饱和点在 2 万勒以下。进行人工补光时，应区分不同作物对光照的不同要求，从经济效益角度考虑，确定最适宜的补光参数。

表 5-2 是英国采用的蔬菜人工补光参数,可以看出补光最低光照度为 3 000 勒,最高光照度为 7 000 勒,如用辐射强度(瓦/米²)表示,黄瓜、番茄一类蔬菜需要 12～48 瓦/米² 光照度。

表 5-2　蔬菜温室人工补光参数

蔬菜种类	幼　苗		植　株	
	光照度(勒)	光照时间(小时)	光照度(勒)	光照时间(小时)
番　茄	3000～6000	16	3000～7000	16
生　菜	3000～6000	12～24	3000～7000	12～24
黄　瓜	3000～6000	12～24	3000～7000	12～24
芹　菜	3000～6000	12～24	3000～6000	12～24
茄　子	3000～6000	12～24	3000～6000	12～24
甜　椒	3000～6000	12～24	3000～7000	12～24
花椰菜	3000～6000	12～24	3000～6000	16

选自《农业生物环境工程》并做修改

4. 补光方法

补光时应考虑光源的配置布局与数量问题,一般用 100 瓦白炽灯泡的光照度分配是除了灯泡上方近 60°角内近于无光外,在其他各个方向光照度的分配是比较均匀的,如果配置反光灯罩,可使光线集中于下方 120°角范围内,以获得分布较均匀的光照度。

一般光源应距植物 1～2 米。每一温室按 300 平方米面积计算,如达到 3 000 勒以上光照度,则需要低压钠灯 50 盏左右。按双行网格布局,灯间距 2 米,每排 25 盏灯,双排均可达到补光的目的。

（四）充分利用散射光

在太阳的散射光中红光和黄光占 50%～60%，而直射光中红光和黄光最多时只有 37%。红光是蔬菜作物进行光合作用不可缺少的。从延长光合作用时间、增加碳水化合物的合成量来说，散射光比直射光对保护地内蔬菜生产更有重要的作用。

太阳高度越低，散射光越多，早晨、傍晚散射光几乎是100%；太阳离地面越高，散射光量越少，而直射光量越多。因此，充分利用早晨、傍晚的散射光，对保护地生产是十分重要的。

充分利用阴天和多云天的散射光，对保护地蔬菜生产尤为重要。这是因为阴天光照度也多在 3 000 勒以上，对于需要高光照的茄果类蔬菜来说，多数也在光补偿点以上，至少可以进行较正常的光合作用；对于需要低光照的绿叶蔬菜来说，完全可以得到满足，就是在时雨时停的雨雪天来说，也有相当数量的散射光可供利用。所以，抢机会、抢光照是夺取保护地蔬菜高产稳产的一项重要措施。反之，如果不积极利用这些散射光，甚至错误地认为早、晚、阴、云、雨、雪等天气的主要任务是保温，而不及时揭除覆盖物让散射光及时透入，这不仅要推迟生产时间，还会使作物产量和产品品质下降。

六、新型日光温室水分调控
与灌溉技术

(一)新型日光温室内的水分调控

日光温室内的水分调控应包括对温室内的环境水分状况和土壤水分状况两者进行合理而有效的调控。在日光温室内,衡量与评价环境水分状况的指标是空气相对湿度,衡量与评价土壤水分状况的指标是土壤湿度。因此,调控日光温室内的水分状况就是要调控温室内的空气相对湿度和土壤湿度。

1. 温室内水分状况调控的基本要求

第一,必须根据温室内种植的植物种类、品种和植物各个生育时期对空气相对湿度与土壤含水率的要求进行适时、适量的调节控制。

第二,调节和控制温室内水分状况的技术应简单、容易和方便操作。

第三,温室内水分状况的调控装置应价廉、质优,便于维修、养护和管理。

第四,温室内所需要安装的测量水分状况的仪表应符合测量精度的要求;应容易观测,方便检修、维护和保管。

2. 温室内空气相对湿度的调控

日光温室内空气相对湿度通常都比较高,特别是在冬季不通风的条件下,空气相对湿度一般常在 80%～90% 以上,夜间可达 100% 而呈饱和状态。温室内空气相对湿度与土壤湿度和设施结构有关。密闭性较好的设施空气相对湿度大,密闭性差的则空气相对湿度小;矮小的设施内空气相对湿度大,高大的设施内空气相对湿度小;一般塑料薄膜覆盖的空气相对湿度较高,而玻璃温室等设施因缝隙较多,空气相对湿度较低;阴天、雨雪天空气相对湿度高,晴天、刮风天空气相对湿度低;晚上温度低、蒸发量小,空气相对湿度高,白天温度高、蒸发量大,空气相对湿度低。

影响温室内空气相对湿度高低的主要因素是灌溉。若在设施内采用传统的沟、畦等地面灌水方法,就会促使设施内空气相对湿度过高,这不仅会造成温室内植物生理失调,也易引起病虫害的发生。

(1)温室内不同植物对环境空气相对湿度的要求

温室内栽培的植物不同,其对空气相对湿度的要求是不相同的。

①蔬菜对温室内空气相对湿度的要求　各种蔬菜对温室内空气相对湿度的要求并不相同。其中,黄瓜和芹菜要求较高,一般可以忍耐 90% 左右的空气相对湿度;番茄、辣椒、西葫芦和豆类等蔬菜要求的空气相对湿度在 70% 左右;而西瓜、甜瓜等最怕空气相对湿度过高,只要 50% 的空气相对湿度就已足够。如果空气相对湿度过大,则不利于蔬菜的蒸腾作用,影响根部对土壤营养的吸收,也易造成病菌的感染和传播。各种蔬菜对空气相对湿度的要求见表 6-1。

表 6-1 各种蔬菜对空气相对湿度的要求 （%）

类型	蔬菜种类	适宜的空气相对湿度
适于较高空气相对湿度的蔬菜	黄瓜等瓜类、绿叶菜类、水生菜类等	85～95
适于中等空气相对湿度的蔬菜	白菜类、根菜类（除胡萝卜）、甘蓝类及马铃薯、豌豆、蚕豆等	75～80
适于较低空气相对湿度的蔬菜	茄果类、豆类（除豌豆、蚕豆等）	60～70
适于较干燥空气相对湿度的蔬菜	葱蒜类及胡萝卜、倭瓜、甜瓜、西瓜等	45～55

我国设施内果菜类要求的空气相对湿度范围大致为55%～90%（表 6-2），最适宜的空气相对湿度为60%～70%。黄瓜夜间要求的空气相对湿度比其他果菜高，一般空气相对湿度应在70%～90%的范围内。

表 6-2 我国主要果蔬要求的空气相对湿度 （%）

种类	白天	夜间
黄瓜	70	90
番茄	55	75
甜椒	55	70
茄子	55	70

②花卉对温室内空气相对湿度的要求　不同种类花卉对温室内空气相对湿度的要求也不一样。其中大多数花卉植物，特别是原产于南方的花卉植物，移到北方栽植后，必须采取措

施提高温室内的空气相对湿度,否则移栽花卉常会因空气干燥而导致叶片表面粗糙,失去光泽,甚至焦边、黄枯。

就某一种类花卉而言,在其生长发育的各个阶段,对温室内空气相对湿度的要求也有很大差异。例如,花卉在进行扦插、嫁接或分株繁殖时,大都需要80%以上的空气相对湿度,才能使繁殖材料长期处于鲜嫩状态,防止枯萎,从而提高繁殖成活率。

花卉还因季节和栽培方式的不同而对温室内的空气相对湿度也有不同的要求。例如,花卉在冬季养护阶段,设施内空气相对湿度常常显得过高,很容易使花卉发生徒长,并易引起多种病虫害。因此,需要采取措施降低温室内的空气相对湿度。

(2)温室内空气相对湿度的调控技术措施

①降低温室内空气相对湿度的调控措施　降低温室内空气相对湿度的措施通常有主动除湿和被动除湿两类。主动除湿包括普通换气、强制换气、补充加温、热交换型换气和采用固体材料强制吸湿等措施;被动除湿可采用地膜覆盖、地面铺草、控制灌水以及无滴膜屋面覆盖材料等技术。现将几项主要技术措施分述如下:

通风换气　应根据栽培季节和种植的作物种类灵活掌握。秋冬季栽培的作物,定植时外界温度还比较高,通风的目的是降湿和降温相结合,根据天气状况可在上午和下午各通风1次,可以通底风。当进入寒冷天气时,通风应以降湿为目的,同时要注意保温,一般可打开天窗通风或通顶风,通风时间不宜过长,温度有明显下降即可停止。通风以中午为好。加温温室可在通风之后加温,使室温提高到20℃以上,以保证作物光合作用正常进行。

加温　温室加温可降低室内空气相对湿度。只要作物叶片表面保持不结露，就可以防止一些病害的发生和蔓延。通常可在不影响温室内温度变化的前提下，适当改变温室内环境温度，以达到改变温室内空气相对湿度的目的。一般在绝对湿度相同的情况下，即温室内空气相对湿度为 100% 时，温室内温度每提高 1℃，空气相对湿度可降低 5% 左右；若温室内温度在 5℃～10℃时，每提高 1℃，则空气相对湿度会降低 3%～4%。

　　地膜覆盖　地膜覆盖不仅可以减少蒸发，降低湿度，还可以提高地温。也有采用稻草秸秆覆盖的，同样可以降低温室内的空气相对湿度。

　　控制灌水　传统上的沟畦灌水，水分消耗大，造成环境中空气相对湿度增加，引起地表径流、渗漏和地面板结，水的利用率不到 30%。若采用滴灌，用水效率可提高到 70%，既能保证蔬菜作物需水，又可以降低温室内的空气相对湿度。

　　②增加温室内空气相对湿度的调控措施　绿叶蔬菜和水生蔬菜等蔬菜种类以及水生花卉和湿生花卉等花卉种类都需要较高的空气相对湿度。若温室内空气相对湿度不适宜这些种类的蔬菜、花卉的生长发育时，则必须采取调控技术措施，以增加温室内的空气相对湿度。增加温室内空气湿度的技术措施主要有以下几种：

　　喷壶洒水　可以增加温室内地面和空气中的含水量，维持合适的湿度环境，以利于植物发育。

　　滴灌　采用固定或移动滴灌设备进行灌溉。

　　控制灌溉水的温度　不同植物适应不同的温度。如果温室内种植耐寒性蔬菜，如大葱、韭菜、菠菜等，可不必考虑水温。但在多数情况下，主要是栽培喜温蔬菜，如黄瓜、番茄、茄子、辣椒等，就需要考虑水温。在北方常用地下水灌溉，水温在10℃以下，这样低的水温会降低土壤温度，延缓作物的生长。为了提高灌溉水的温度，可以让水井抽出的水在温室内多流一段路程，以提高水温。在大型温室内也可采取修建贮水池贮水调整水温，以使灌溉水的温度能满足植物生长的要求。灌溉的时间应在晴天上午9时到下午2时。

3. 温室内土壤湿度的调控

日光温室内的环境是处于一种半封闭或全封闭状态的系统，空间较小，气流稳定，又隔断了天然降水对土壤水分的补充，因此，温室内土壤表层水分欠缺时，只能由土壤深层通过毛细管上升水予以补充，或采取灌溉技术措施予以解决。

日光温室内种植的蔬菜、花卉等植物，都主要依靠其根毛从土壤中吸收所需要的水分，然后再传递到植物体内各个部位，供植物生长发育需要。

（1）温室内不同植物对土壤湿度的要求

蔬菜和花卉都是需水量较多的植物，与一般的农作物相比，它们对水分的反应更为敏感。但不同种类的蔬菜和花卉，它们的需水要求也各不相同，主要取决于其地下部分对土壤水分的吸收能力和地上部分对水分的消耗量。对于同一种蔬菜和花卉的不同生育时期，其对水分的要求也不一样。

①蔬菜对温室内土壤湿度的要求　在蔬菜生长发育过程中，任何时期缺水都将影响其正常生长。蔬菜在生育过程中缺水时，植株萎蔫，气孔关闭，同化作用停止，木质部分发达，组织粗糙，纤维增多，苦味增加，如严重缺水，则会使细胞死亡，植株枯死。但是，若连续一段时间土壤水分过多，土壤湿度过大，超过了蔬菜生育期的耐渍或耐淹能力，也会造成蔬菜产量

下降,减少蔬菜中的营养含量,香味不浓,品质降低,而收获后的产品容易腐烂,不耐贮藏,甚至植株死亡。各种蔬菜对土壤水分的要求见表 6-3。

表 6-3　各种蔬菜对土壤水分的要求

蔬菜种类	蔬菜特点及对土壤水分的要求
藕、茭白、慈姑、荸荠等	根群不发达,吸收水分能力弱;叶保护组织不发达,蒸腾率大,消耗水分极多。需水田栽培,要求多雨而湿润的气候
黄瓜、大白菜、甘蓝、莴笋、芥菜、萝卜等	根群分布较浅;叶蒸腾面积大,消耗水分多,需水量较大。要求土壤湿度较高,栽培时必须经常浇水
葱蒜类、石刁柏	根群不发达,分布较浅,为弦状根,无根毛;叶为管状叶,表面具有蜡粉(石刁柏叶退化成鳞片并为叶状枝所代替),叶面蒸腾量不大,消耗水分少。但要求土壤湿度较高,尤其是食用器官生长时期,栽培时间必须经常浇水,保持土壤湿润,但浇水量每次要少些
笋瓜、西葫芦、豆类、番茄、辣椒、马铃薯、胡萝卜等	根群发达,分布较深,能利用较深层土壤水分;虽然叶面蒸腾量很大,消耗水分多,但较耐旱。要求适中的土壤湿度,需经常浇水
倭瓜、西瓜、甜瓜等	根群强大,分布很深,吸水力强;叶具缺裂、蜡粉,以减少叶面蒸腾,消耗水分较少,耐旱性强,较低的土壤湿度即能满足要求,栽培时应少浇水

蔬菜各生育时期对土壤水分的要求如下:

幼苗期　蔬菜苗期组织柔嫩,对土壤水分要求比较严格,过多或过少都会影响苗期正常生长。

番茄幼苗的根系生长与土壤水分含量有密切关系,在湿润的土壤中根系多数密集在表层,细根多,根系扩展良好。反之,土壤水分缺少时,根系分布较深,细根少。黄瓜育苗期土壤过湿,根系分布浅,叶片大,薄而又柔嫩,容易徒长,抗逆力弱。土壤水分适宜,根系分布较深,叶片大小适中,而且较厚,抗逆力强。但是,如果土壤过分缺水,幼苗组织木栓化,成为老化苗,这样即使得到充足的水分,也不能很快恢复正常生长。

开花结果期　一般果菜类植物从定植到开花结果,土壤含水量应稍低,避免茎叶徒长。但在开花或采收期,如果水分不足,子房发育受到抑制,又会引起落花和畸形果。

土壤水分多少直接关系到植物体的营养条件,对开花结实有间接的影响。例如黄瓜,叶片大,蒸腾量亦大,如果土壤水分不足,叶片的蒸腾就会比根的吸水量大,因而体内的膨压降低,成为萎蔫状态,并且花的发育和授粉不良,落花、畸形果增多;反之,如果土壤水分过多,湿度过大,容易导致细菌的滋生,易染病。因此,开花、结果、采收期土壤应保持均匀供水;若土壤时干时湿,会引起各种菜类品质等级下降。如黄瓜果实的畸形与果实发育期间土壤含水量有很大的关系。黄瓜开花后水分供应不及时,授粉不良,虽然过一段时间后,土壤水分得到补足,但容易出现尖嘴瓜;在果实发育前期缺水,中期水分充足,而后期又缺水,就容易形成大肚瓜;如果果实发育中期严重缺水,前、后期水分充足,就容易形成细腰瓜。

不管是黄瓜、番茄、茄子及叶菜类,在进入结果期和采收期以后,均需较高的土壤水分。如果这段时期水分不足,果实、叶子生长发育不良,产量明显降低。据试验,黄瓜进入果实膨大期,吸水量大为增加,每株每天吸水可达 1 500～2 000 毫升,在结果旺期吸水量更多。番茄在开花后果实开始膨大,吸水量急剧增加,每株每天吸水1000毫升以上,一般晴天每天吸水量可达2000毫升以上,而阴天每天吸水量在1000毫升以下。因此,在蔬菜吸水量最多时,均匀供水,土壤中保持适宜水分,才能使各类蔬菜生长正常,及时采收。

蔬菜对土壤溶液含盐量有一定的适应范围(表6-4),若温室内土壤含盐量超过此范围,则需采取措施,进行灌溉淋洗和排盐。

表6-4 蔬菜对土壤溶液含盐量的适应范围

土壤溶液含盐量(%)	0.1~0.2	0.2~0.25	0.25~0.3	备 注
所适应的蔬菜种类(指能良好生长的蔬菜)	茄果类、豆类(蚕豆、菜豆除外)大白菜、黄瓜、萝卜、大葱、莴笋、胡萝卜等	洋葱、韭菜、大蒜、芹菜、小白菜、茴香、土豆、蕹菜、芥菜、芋头、菊芋、蚕豆等	石刁柏、菠菜、甜菜、甘蓝类、瓜类(黄瓜除外)等	菜豆的耐盐性最差,只能在含盐量0.1%以下的土壤中良好生长,石刁柏耐盐性最强

②花卉对温室内土壤湿度的要求 各种花卉由于原产地水分环境上的差异而具有不同的需水特性,因此它们对土壤湿度的要求也都有一定的适宜范围。除水生花卉需要在水层中生长外,对于如水仙、马蹄莲、蕨类、龟背竹、旱伞草、海芋、竹节万年青、何氏凤仙和鸭跖草等湿生花卉,其叶大而薄,柔嫩且多汁,角质层不厚,蜡质层不明显,根系表浅且分枝较少,需要在十分潮湿的环境中生长,因此要求土壤湿度应经常保持饱和状态。对于中生花卉,一般要求在土壤比较湿润而又有

良好的排水条件下生长,过干或过湿的环境对其生长都不利。其中,桂花、白玉兰、海棠花、石榴、月季、米兰和扶桑等较耐旱;而腊梅、夹竹桃、迎春花等则较耐湿,一般应保持60％的土壤容积含水量较为适宜。对于仙人掌类、景天、龙舌兰、石莲花、虎刺梅等旱生花卉,一般都耐旱怕涝,所以对土壤湿度的要求非常低,通常应宁干勿湿;如环境水分过多,很易引起烂根和导致炭疽病、枯萎病等病害的发生。

花卉对土壤水分的要求也随其各个生育阶段的不同而有变化。一般,播种后都需要较高的土壤湿度,以湿润种子的表皮,使种皮膨大,有利于胚根和胚芽的萌发。种子出土后,根系较浅,幼苗又很细弱,要求表土应保持适度湿润;随后,为防止苗木徒长,促使植株老熟,应降湿"蹲苗"。花芽分化是花卉由营养生长进入生殖生长的转折时期,应因花卉品种的需水特性适当控制不同的土壤湿度变化范围。开花期一般都要求有较高的土壤湿度,但水分不宜过多,否则会造成落花、落蕾;而水分过少,则会使开花不良,花期缩短。

(2)温室内土壤湿度的调控技术措施

温室内土壤湿度的变化不仅影响温室内环境的温度和空气相对湿度的高低,同时也会影响温室内土壤的通气、养分和温热状况。因此,调节和控制温室内的土壤水分状况是保持温室环境有利于温室内植物生长发育的重要手段。

温室内土壤湿度的调控,应根据不同植物、不同生育阶段的需水特性以及植物体内的水分状况和温室内环境条件等确定。调控温室内土壤水分状况的主要技术措施是灌溉和排水。

①增加温室内土壤湿度的灌溉调控措施　在温室内增加土壤湿度的惟一调控技术措施就是实施灌溉。通常以采用滴灌和微喷灌灌水方法最适宜(详见下节内容)。若在温室内采

用塑料薄膜（地膜）覆盖栽培方式，也可选用膜上沟、畦灌和膜下沟、畦灌等地面灌水方法，或采用膜下多孔管灌法和膜下滴灌法。

　　温室内种植的蔬菜和花卉等植物，一般需水强度都比较大，需要多次频繁灌水和勤浇浅灌。尤其是在蔬菜和花卉等植物的需水临界期更要注意及时进行适量的灌水。大多数蔬菜的需水临界期是在营养生长和生殖生长旺盛阶段，也即是在开花、结果与块根块茎的膨大阶段。如菜用大豆的开花和结荚阶段，萝卜的块根膨大阶段，番茄的花形成和果实膨大阶段等。在植物需水临界期应确保具有充足的水分供给。各种蔬菜适时灌水的土壤水分指标见表6-5。

表6-5　蔬菜灌水指标参考值

蔬　菜　种　类	灌水指标（水分张力）	
	兆帕	P^F
藕、茭白、慈姑、荸荠等	0.6	0～1.8
黄瓜、大白菜、甘蓝、莴笋、芥菜、萝卜等	1.6～3.2	2.2～2.5
葱蒜类、石刁柏	2.5～4.0	2.4～2.6
笋瓜、西葫芦、豆类、番茄、辣椒、马铃薯、胡萝卜等	3.2～5.1	2.5～2.7
倭瓜、西瓜、甜瓜等	10～16	3.0～3.2

注：P^F为土壤水分测量计的毫米汞柱读数

　　表中所列灌水指标适用于一般情况，苗期宜选用上限或接近上限值（土壤含水率较低），中、后期宜选用下限或接近下限值（土壤含水率较高），特殊情况时则需灵活运用。其灌水量的计算和确定可参见下节内容。

　　花卉等植物的合理灌水应依据花卉的栽培方式（地栽和

盆栽)"看花"、"看盆"、"看土"等实际情况确定。一般养花水分管理可参见表6-6。

表6-6　养花水分管理表

因素区分	水　分　管　理
根据季节浇水	春季每天1次:9时~10时
	夏季每天2次:7时左右;19时左右
	秋季每天1~2次:8时左右;16时~17时
	冬季每2~3天1次至每周1次:10时~11时
根据天气浇水	气温高或大风天由于蒸发量大,应多浇水;气温低时或阴天可少浇水;水分过多盆花有积水时要倒盆去水
根据花木习性和生长浇水	喜温花木可多浇水;耐旱花木宜少浇水。叶小、生长缓慢的花木可少浇水;叶大、生长旺盛要多浇水。开花时需要水,但须掌握适量浇,水过多会引起落花;结实、休眠期水不需太多,要少浇

②降低温室内土壤湿度的排水调控措施　若温室内土壤因灌水不当,或排水不良,或地下水位过高,或土壤透水性较弱时,常会造成温室内土壤水分过多,土壤湿度过高,通气不良,氧气不足,植物呼吸困难,从而对植物的生长发育、产量和品质危害极大。例如,土壤水分过多时,甘薯不能正常肥大,萝卜出现歧根,番茄植株发育不良;花卉生长柔弱,植株徒长,根系腐烂或窒息死亡。

蔬菜的耐淹能力也因蔬菜种类的不同而异。据试验,芋头可以在水中浸泡5天不死;花生、韭菜可泡上3天;葱2天;大豆、茄子、芹菜1天;菜豆、菠菜、南瓜、洋葱只能忍耐7~8个小时的淹水;黄瓜、番茄、萝卜、甘蓝、白菜等耐水性最弱,短时间的浸水则会完全夺取其生命。

温室内通常可以采用明沟排水和暗管排水两种排水方法。明沟排水一般是利用畦垄间所形成的垄沟作为温室内田间排水沟，以将存在于土壤内过多的水分排至设施外的排水支沟和干沟。暗管排水则是利用开有小孔的塑料管埋设于设施内土壤耕作层下部，土壤内过多的水分则通过孔口或孔缝汇入塑料管内，然后再输送排至设施外的排水支管和干管。一般孔管直径为 10～20 毫米，孔口直径为 1.5 毫米左右，孔距和管距则依设施内土壤湿度情况确定。

在温室内实施排水，排水量和排水时期的确定主要应依据能保证植物播种前土壤湿度达到最适宜的土壤含水量范围，并使地下水位回降到植物的耐渍深度以下或计划湿润层深度以下。一般土壤的最适宜容积含水量为 60%～70%；计划湿润层深度可参考表 6-7。

在蔬菜和花卉等植物的种植季节内，一般要求温室的地下水位应经常维持在距地面 1 米以下。

表 6-7　各类蔬菜灌溉计划湿润层深度　（米）

蔬　菜　种　类	苗　期	中、后期
藕、茭白、慈姑、荸荠等	水　层	水　层
黄瓜、大白菜、甘蓝、莴笋、芥菜、萝卜等	0.3～0.5	0.5～0.6
笋瓜、西葫芦、豆类、番茄、辣椒、马铃薯、胡萝卜等	0.4～0.6	0.8～1.0
倭　瓜	0.5～0.7	1.0～1.5

注：黄瓜主根系分布虽浅，但整体根系可深达 1 米左右，计划湿润层深度值可适当加大

（二）新型日光温室高效节水灌溉技术

1. 对日光温室高效节水灌溉技术的基本要求

第一，保证温室内植物实现定额灌水。保证依其需水要求，遵循灌溉制度，按计划灌水，定额灌水。

第二，田间水的有效利用系数高，一般不应低于 0.90。灌溉水有效利用系数，滴灌不应低于 0.90，微喷灌不应低于 0.85。

第三，保证温室内植物获得优质、高产、稳产和高效益。

第四，灌水劳动生产率高，用工日少。

第五，灌水方法和技术简单、经济，易于实施和推广。

第六，灌溉系统及装置应投资小，管理运行费用低。

2. 日光温室设施内灌溉技术的选择

目前，日光温室内主要采用两大类先进的灌溉技术，即滴灌技术和微喷灌技术。通常将滴灌技术与微喷灌技术合称为微灌技术。滴头和微喷头统称为灌水器。

（1）滴灌技术

是指将一定低压的灌溉水，通过低压输、配水管道，输送到设施内最末级管道以及安装在其上的滴头，以较小的流量一滴滴均匀而准确地滴入作物根区附近的土壤表面或作物根系所在的土壤层中的灌水方法和技术。滴灌技术属局部灌溉法。

（2）微喷灌技术

是用微小的喷头，借助于由输、配水管道输送到设施内最末级管道以及其上安装的微喷头，将压力水均匀而准确地喷洒在每株植物的枝叶上或植物根系周围的土壤表面上的灌水方法和技术。微喷灌技术可以是局部灌溉,也可以进行全面灌溉。

（3）灌溉技术的选择

温室内灌溉技术的选择一般取决于温室内种植的植物种类。蔬菜应采用滴灌技术,花卉、苗木、无土栽培植物和观赏植物通常均可采用微喷灌技术。日光温室内蔬菜一般不宜采用微喷灌技术。

3. 微灌类型

按灌水器灌水时水流的出流方式不同,微灌一般可划分为如下 4 种类型(图 6-1)。

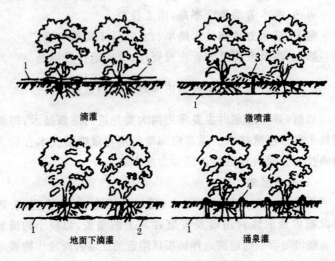

图 6-1 微灌的类型

1. 毛管　2. 滴头　3. 微喷头　4. 涌水器

（1）地面上滴灌

是通过布置在设施内地面上的毛管以及其上安装的滴

头,或滴灌带、滴灌管等灌水器,使水流呈水滴状滴入作物根区土壤内的灌水形式。该类型微灌是日光温室内蔬菜采用最多和最优良的现代化先进灌水技术。

（2）地面下滴灌

是将全部滴灌管道以及其上安装的滴头,或开有多孔的微细塑料管,埋设于温室内地表下面的灌水形式。

（3）微型喷洒灌溉

又叫微喷灌。依喷洒方向的不同又可划分为以下 3 种类型。

①悬吊式向下喷洒微喷灌　是将毛管及其上安装的微喷头悬吊于设施内屋架上,微喷头向下喷洒的灌水形式。该类型微喷灌多采用于温室内灌溉苗木、花卉和无土栽培盆盘中的植物。微喷头的悬吊高度主要取决于温室内种植的植物种类以及微喷头的喷灌强度,一般应距地面 1～1.5 米。

②插杆式向上喷洒微喷灌　微喷头安装在可以插入地下的竖杆上,并用微管与布置在设施内地面下的输水毛管相连接,由输水毛管供水,微喷头在插杆上向上喷洒的灌水形式。该类型微喷灌主要用于喷洒花卉和苗圃等温室内植物。

③多孔管道微喷灌　是在毛管上钻出单排、双排或多排小孔,依设计灌水要求,可以向上、向下或向各个方向进行喷洒的灌水形式。该类型微喷灌是一种简易型微喷灌,一般应将多孔管道铺设于温室内植物行间地面上,而不宜埋于地面下。

（4）涌泉灌溉

是通过安装在毛管上的涌水器而形成的小股水流,以涌泉方式使灌溉水进入土壤的灌水形式。该类型微灌主要适宜于需要由灌水坑暂时蓄水的果园和植树造林灌溉,温室内不宜采用。

4. 微灌系统及其组成

微灌系统通常由水源、首部枢纽、输配水管网和灌水器等4部分组成(图6-2)。

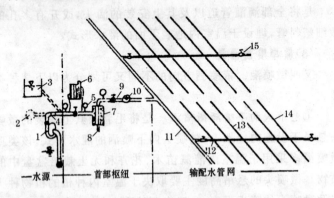

图 6-2 微灌系统示意图

1. 水泵　2. 供水管　3. 蓄水池　4. 逆止阀　5. 压力表

6. 施肥罐　7. 过滤器　8. 排污管　9. 阀门　10. 水表

11. 干管　12. 支管　13. 毛管　14. 灌水器　15. 冲洗阀门

(1) 水　源

河、湖、渠、塘、井、泉等均可作为微灌的水源,但水源水质必须符合微灌对灌溉水质的要求(参见国家质量技术监督局公布的《农田灌溉水质标准》GGB5084—92),而且,无论何种水源都必须通过过滤装置过滤,方可进行灌溉。

(2) 首部枢纽

通常由水泵及动力机、控制阀门、过滤装置、施肥装置、测量和保护设备等组成。首部枢纽一般均布置在微灌系统的首部。其中过滤装置和施肥装置以及控制阀门等有时也可安装在干、支管进入每间温室或各组温室群的首部。

(3)输配水管网

一般分干、支、毛3级管道。干、支管通常均埋在地下,可采用 PVC 管或 PE 管。毛管在设施内,可铺设于地面上,也可埋入地面下,视需要和具体情况确定。毛管必须采用 PE 管,内径一般为 10～16 毫米。

(4)灌水器

有滴头、微喷头、涌水器、滴灌带、滴灌管和多孔管道等多种形式。温室内使用的灌水器一般均放置在地表或悬吊于温室屋架上。灌水器依水流的出流形式不同,分为滴水式、漫射式、喷水式和涌泉式等多种类型。

5. 微灌系统的分类及其选用

依毛管在温室内和田间的布置形式、各组成部分的移动情况以及灌水方式的不同,微灌系统一般可划分为以下 5 类。

(1)地面固定式微灌系统

毛管和灌水器等均布置在地面上或悬吊于温室屋架上,是在灌水期间所有部件都不移动的微灌系统。

(2)地下固定式微灌系统

将毛管和灌水器(主要是滴头)等全部埋入地下的微灌系统。该类微灌系统在温室内不宜采用。

(3)半固定式微灌系统

将毛管埋入地下固定不动,而其上安装伸出地面的微管和灌水器(主要是微喷头)等装置,是可以移动的微灌系统。该类微灌系统常选用于温室内灌溉花卉、苗木等植物。

(4)移动式微灌系统

在灌水期间,毛管和灌水器或滴灌带、滴灌管、多孔管等在一个位置上灌水结束后,再移动到另一个位置上灌水的系统。温室内通常都选用这种系统灌溉蔬菜、苗圃、果木和无土栽培植物。

（5）间歇式微灌系统

又称脉冲式微灌系统。其工作方式是每隔一定时间灌水器出水 1 次。该系统的灌水器流量比普通灌水器流量要大 4～10 倍。我国温室设施内尚很少选用这种系统。

6. 微灌技术的特点

（1）微灌技术的优点

第一，省水。灌溉水有效利用率高，一般比地面灌溉可省水 30%～50%，比喷灌可省水 15%～25%。滴灌比其他微灌更省水，是现有灌水方法中最省水的一种灌水技术。

第二，节能。微灌灌水器在低压条件下运行，一般工作压力为 30～150 千帕，比喷灌工作压力低，比提水灌区地面灌溉方法能耗减少非常显著。

第三，省肥。较沟灌平均省肥 40% 左右。

第四，适应性强。可适应于温室内不同土壤、不同植物和不同种植条件。

第五，灌水均匀度高，一般可达 80%～90%。

第六，增产幅度大，品质好，效益高。一般微灌比其他灌水方法可增产 30% 左右。

第七，在一定条件下可利用咸水滴灌，但灌溉水含盐量不宜高于 4 克/升。微喷灌和涌泉灌等微灌类型不允许采用咸水灌溉温室内植物。

第八，节省劳动力，减轻温室内灌水劳动强度。

（2）微灌技术的缺点

第一，灌水器孔径小。一般滴头孔径很小，只有 0.3～1.5

毫米,微喷头孔径也只有 0.8～2 毫米,很容易被灌溉水中杂质堵塞。

第二,微灌会使植物根系向湿润区生长,从而使根系的发展受到限制。

第三,微灌工程一次性投资较高。

第四,滴灌只湿润局部土壤,对调节温室内小气候作用不明显。微喷灌可以调节设施内小气候,但对深层土壤往往湿润不足。

7. 微灌灌水器的类型及其选择

(1)对灌水器的基本要求

第一,灌水器要求的工作压力低,一般为 30～150 千帕(3～15 米长的工作水头)。出水流量小。对于滴头、滴孔出水应呈滴水状,流量一般为 2～50 升/小时,常用的滴头出流量在 5 升/小时左右。对于微喷头,应依栽种植物类别,要求雾化指标适当,出流量一般小于 200 升/小时。

第二,出水均匀而稳定。

第三,抗堵塞、抗老化性能好。

第四,制造精度高。

第五,结构简单,便于装卸。

第六,坚固耐用,价格低廉。

(2)设施内常用灌水器的种类

①滴头　我国温室内常用以下几种滴头形式:

一是管式滴头,即管间式滴头,属长流道消能式滴头类型(图6-3)。滴头流量一般为 2～12 升/小时。

二是孔口式滴头,属短流道消能式滴头类型。孔口直径一般较小,为 0.5～1 毫米;工作压力较低,一般在 50 千帕以下,

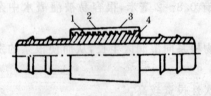

图 6-3　管式滴头

1. 滴头套　2. 滴头芯
3. 螺旋流道　4. 进水口

流量通常在 15 升/小时以上。孔口式滴头有压力补偿式孔口滴头和无压力补偿式孔口滴头两种形式（图 6-4）。

三是双腔毛管，又称双壁管或滴灌带。其

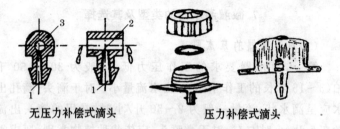

无压力补偿式滴头　　　　　压力补偿式滴头

图 6-4　孔口式滴头

1. 进口　2. 出口　3. 横向出水道

内腔工作水头一般为 5～10 米，外腔工作水头只有 5 米。近年来滴灌带又有边缝式薄壁滴灌带和贴壁式薄壁滴灌带等形式，一般均带有迷宫式消能、抗堵塞长流道，有的产品还带有压力补偿式结构（图 6-5）。

多孔透水毛管　　　　　边缝式薄膜管（滴灌带）

图 6-5　双腔毛管

四是膜片式多孔毛管。目前使用的膜片式多孔毛管的孔口直径有 0.7 毫米,0.8 毫米和 0.9 毫米 3 种规格,最大孔径可达 1.2 毫米(图 6-6)。

五是内镶滴头式滴灌管。分为大流道和小流道两种类型(图 6-7)。

六是微管滴头,又称发丝滴头。属长流道式滴头类型。微

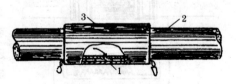

图 6-6　膜片式多孔毛管
1. 出水口　2. 毛管　3. 膜片套

大流道

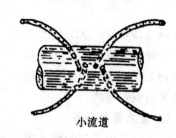

小流道

图 6-7　内镶滴头式滴灌管

管直径一般为 0.8～1.5 毫米。使用时将微管插入毛管。安装插入毛管的方式有散放式和缠绕式两种(图 6-8)。

②微喷头　温室内常用的微喷头主要有折射式微喷头和射流旋转式微喷头两种形式。另有摇臂旋转式小喷头也常在设施内安装作用。

一是折射式微喷头(图 6-9)。喷水孔直径一般为 1 毫米左右。适于喷洒设施内花卉、苗圃和无土栽培盆、盘。喷洒半径较小,一般只有 1.5 米左右。

二是射流旋转式微喷头(图 6-10)。其工作水头一般为 10～15 米,有效湿润半径为 1.5～4.5 米。适于微喷设施内花

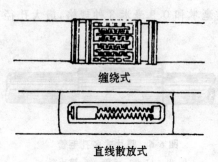

缠绕式

直线散放式

图 6-8　微管滴头

10,Pys-5,Pys-10 等及其类似
摇臂旋转式小喷头。适于喷洒
设施内较大的苗木,或要求湿
度较大的观赏植物。

(3)灌水器的选择

适于温室内使用的灌水器
种类和形式繁多,使用时应考
虑以下条件择优选用。

卉、苗圃、林木等。微喷
头一般直立向上方喷
洒,但有的微喷头不仅
可以直立向上方喷洒,
还可以悬吊于屋架下
倒装向下方喷洒。

三是摇臂旋转式
小喷头(图 6-11)。在温
室内主要选用 PYl-5,
PYl-10，Py2-5，Py2-

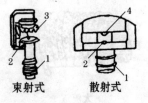

束射式　　　散射式

图 6-9　折射式微喷头
1. 带螺纹的接头　2. 喷水口
3. 分水齿　4. 散水椎

第一,温室的规模尺寸和结构形式。

第二,温室内植物的种类、品种及其对温室环境和土壤水
分的要求。

第三,温室内植物和栽培技术的要求。

第四,符合灌水器的基本要求。

目前,我国日光温室内多数采用迷宫式滴灌带、膜片式多
孔毛管等滴灌蔬菜;采用射流旋转式微喷头喷洒花卉、苗圃、
盆栽和低矮的观赏植物。大棚内多数采用摇臂旋转式小喷头
喷洒较大的观赏植物、高架植物和苗木、花草等;对于蔬菜仍

应以采用各种形式的滴灌带滴灌为主。

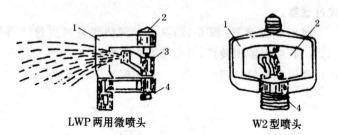

LWP两用微喷头   W2型喷头

图 6-10　射流旋转式微喷头

1. 支架　2. 散水椎　3. 旋转臂　4. 接头

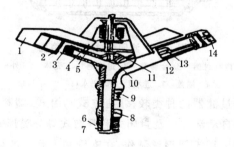

图 6-11　双嘴全圆转动摇臂式喷头结构

1. 导水板　2. 挡水板　3. 小喷嘴　4. 摇臂　5. 摇臂弹簧

6. 3 层垫圈　7. 空心轴　8. 轴套　9. 防沙弹簧　10. 摇臂轴

11. 摇臂垫圈　12. 大喷管　13. 整流器　14. 大喷嘴

8. 过滤装置和施肥（施农药）装置

（1）过滤装置

过滤装置又称过滤器。主要有旋转式水砂分离器（又称离心式过滤器）、砂石过滤器和滤网过滤器 3 种类型。设施农业中，在首部枢纽处多采用容积较大的水砂分离器和砂石过滤器。若灌溉水中有机杂质、藻类等含量不过高时也可采用滤网式过滤器。

滤网型过滤器(图 6-12)又有筛网型和叠网型过滤器等形式。其应用范围较广,可安装在首部枢纽处,也可安装在各组日光温室群的首部或每间温室、大棚的管道进口处。

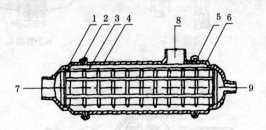

图 6-12　滤网型过滤器示意图

1. 内密封圈　2. 金属箍　3. 过滤网　4. 壳体　5. 外密封圈
6. 端盖　7. 进水管　8. 出水口　9. 排污口

滤网过滤器的种类较多,有立式与卧式、塑料和金属、人工清洗和自动清洗以及封闭式和开敞式等分类形式。主过滤器的滤网要用不锈钢丝制作,在支管和毛管上的微型过滤器网也可用铜丝网或尼龙网制作。滤网的孔径应为所使用的灌水器孔径的 $1/7 \sim 1/10$,滤网的孔径应大于 2.5 倍出水管的过水面积。主要用于过滤水中粉粒、砂和水垢等污物,也可过滤少量的有机杂质。选择滤网型过滤器型号时,主要根据灌水器孔径和水中泥砂粒径确定(表 6-8)。

表 6-8　滤网型号及其清除的泥砂直径

滤网型号（目/厘米²）	泥砂粒径大小		
	毫　米	微　米	土壤级别
18～10	1.00～2.00	1000～2000	很粗的砂
35～18	0.50～1.00	500～1000	粗　砂
60～35	0.25～0.50	250～500	中　砂
160～60	0.10～0.25	100～250	细　砂
270～160	0.05～0.10	50～100	极细砂

表 6-9 总结了不同类型过滤器对去除灌溉水中不同污物的有效性。过滤器可以根据它们对各种污物的有效过滤程度来选择。对于具有相同过滤效果的不同过滤器,选择的依据主要考虑价格高低。一般砂石过滤器最贵,叠片或筛网过滤器则较便宜。

表 6-9　过滤器的类型

污物类型	污染程度	定量标准（毫克/升）	旋流式过滤器	砂石过滤器	叠片式过滤器	自动冲选筛网过滤器	控制过滤器的选择
土壤颗粒	低	≤50	A	B	—	C	筛网
	高	＞50	A	B	—	C	筛网
悬浮固形物	低	≤50	—	A	B	C	叠片
	高	＞50	—	A	B	—	叠片
藻　类	低	—	—	B	A	C	叠片
	高	—	—	A	B	B	叠片
氧化铁和锰	低	≤50	—	B	A	A	叠片
	高	＞50	—	A	B	B	叠片

注:控制过滤器指田间二级过滤器,A 为第一选择方案,B 为第二选择方案,
　C 为第三选择方案

（2）施肥（施农药）装置

施肥（施农药）装置，主要有压差式施肥罐、开敞式供料桶、文丘里注入器以及各种注入泵等装置（图6-13，图6-14和图6-15）。温室种植中常采用封闭式压差施肥罐装置。施肥罐容积应依微灌面积及单位面积施肥量、化肥溶液浓度等因素确定。

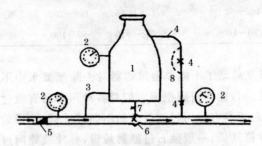

图6-13　压差式施肥装置

1. 化肥罐　2. 压力表　3. 流入管道　4. 流出管道
5. 单向阀　6. 减压阀　7. 放水口　8. 微管旁路

（3）水泵机组及其他装置

①**水泵机组**　农业设施中微灌常用的水泵类型主要有离心式水泵、潜水泵和深井泵等。动力机多为电动机或柴油机；也有采用汽油机的，但采用不多。

②**其他装置**　为保证农业设施微灌系统正常运行，必须在微灌系统的适当位置处安装闸阀、截止阀或逆止阀、安全阀、进排气阀、流量和压力调节器、流量表和压力表以及消能和调压等装置。

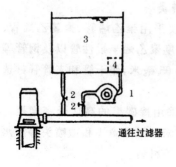

图 6-14　压力泵注入
　　肥料示意图

1. 电动机驱动泵　2. 控制阀
　3. 供料桶　4. 滤网

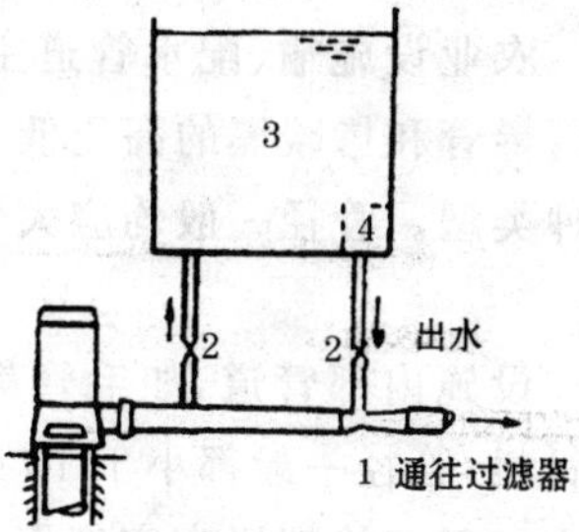

图 6-15　文丘里法注入
　　肥料示意图

1. 文丘里管　2. 控制阀
　3. 供料桶　4. 滤网

9. 管道与管件及其选择

(1)对管道和管件的技术要求

第一,各级管道和管件必须承受设计的工作压力。依不同工作压力选用适宜种类和壁厚的管材、管件。要求管壁厚度均匀。

第二,各级管道和管件必须保证能通过设计的流量。

第三,管道和管件的内壁要光滑、平整、清洁,外壁光洁、无凹陷、无裂纹、无气泡。管件无飞边和毛刺。掺碳黑的塑料管道和管件要保证管壁不透光。

第四,耐腐蚀、抗老化性能较强,价格低廉,使用寿命长。

第五,方便运输,易于安装和施工。

第六,移动管道和管件要轻便、耐撞击、耐摩擦,并能经受风吹日晒雨淋,使用寿命长。

（2）农业设施常用的管材种类

农业设施输、配水管道主要采用聚乙烯管、聚氯乙烯管、聚丙烯管和掺碳黑的高压低密度聚乙烯半柔性管以及钢管等品种类型。管径一般均应大于65毫米，作干管和支管管材选用。

设施内部管道，如毛管都采用掺碳黑的高压低密度聚乙烯材料，管径一般都小于10毫米。微灌滴头和微喷头等灌水器也都采用掺碳黑高密度聚乙烯材料。

（3）管　件

管件即管道附件，包括连接管件和控制管件两类。连接管件主要有接头、弯头、三通、四通和堵头、快速接头等。这些管件大多数都用塑料制作，也有用钢材、铸铁等制作的，但小管径的管件仍多用塑料制作。控制管件，如给水栓、球阀、闸阀、安全阀和通气阀等，也多用塑料制作；管径大的控制管件常用钢材或铸铁制作。

10. 温室内微灌田间布置形式

温室内毛管和灌水器的田间布置形式应取决于植物的种类、生育阶段和所选用的灌水器类型。

（1）滴灌系统设施内毛管和滴头的布置

①滴灌毛管与滴头的布置　有如下4种形式（图6-16）：

第一，单行毛管直线布置。毛管顺植物行方向布置，1行植物布置1条毛管，滴头安装在毛管上，主要适用于窄行密植植物，如蔬菜和幼树等。

第二，单行毛管带环状布置。成龄果树滴灌可沿1行树布置1条输水毛管，然后再围绕每棵树布置1根环状灌水管，并在其上安装4～6个单出水口滴头。这种布置灌水均匀度高，但增加了环状管,使毛管总长度大大加长。

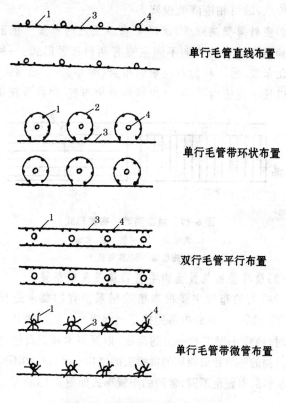

单行毛管直线布置

单行毛管带环状布置

双行毛管平行布置

单行毛管带微管布置

图 6-16 毛管与滴头布置形式

1. 灌水器 2. 绕树环状管 3. 毛管 4. 果树或植物

第三,双行毛管平行布置。当滴灌高大植物或蔬菜时,可采用该种布置形式。如滴灌果树或蔬菜可沿树或蔬菜两侧布置 2 条毛管,每株树或蔬菜的两侧各安装 2～6 个滴头。

第四,单行毛管带微管布置。当使用微管滴灌果树或蔬菜时,每 1 行树或蔬菜布置 1 条毛管,再用 1 段分水管与毛管连接,在分水管上安装4～6条微管。这种布置减少了毛管用量，微管价低，故可相应降低投资。

②塑料薄壁滴灌带、滴灌管在温室内的布置 依温室的方位和内部畦块的方向不同主要有两种布置形式：一种为单向南北布置，另一种为双向东西布置（图6-17）。滴灌带、滴灌管可以接于设施内毛管上，也可绕畦块布置，以减少接头数。

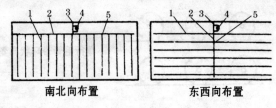

图 6-17 温室滴灌带布置形式

1. 滴灌带　2. 主管　3. 水源

4. 施肥器　5. 软管接头

(2)微喷灌系统设施内毛管和微喷头的布置

微喷头的布置主要根据植物根系发育的要求进行，一般要求有30％～70％的根系能接受到灌溉水。微喷木耳、茶树和花卉时，微喷头要求有一定的高度，以湿润木耳架及植物茎叶。根据植物的种类和所使用的微喷头的结构与水力性能不同，毛管和灌水器的布置也不同，常用的布置形式如图6-18所示。

11. 微灌灌水技术

(1)微灌一次灌水量

可用下式计算：

$$m = 0.1(\beta_{田} - \beta_0)HP$$

式中：m 为灌水定额，单位为毫米；$\beta_{田}$、β_0 分别为土壤田间持水量和灌水前土壤含水率（即植物允许的土壤含水率下限),均以干土重(%)计;H为土壤计划湿润层深度,单位为米,蔬菜一般取 0.2～0.4 米;P 为微灌土壤湿润比(%),指微灌湿润计划层内的土壤体积占灌溉计划湿润层总土壤体积的百分比,常以地面以下 20～30 厘米处的湿润面积占总管理水面积的百分比表示,影响它的因素较多,如毛管的布置形式,微喷头的类型和布置及其流量,土壤和植物的种类等,对于蔬菜,一般取 P＝70%～90%,葡萄和瓜类可采用 P＝30%～50%。

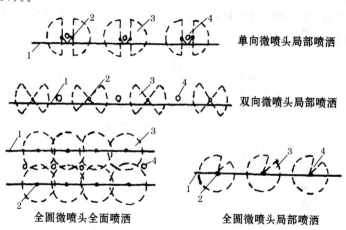

单向微喷头局部喷洒

双向微喷头局部喷洒

全圆微喷头全面喷洒

全圆微喷头局部喷洒

图 6-18　微喷灌毛管与微喷头布置形式

1. 毛管　2. 微喷头　3. 喷洒湿润区　4. 果树

(2)灌水时间间隔的确定

2 次灌水之间的时间间隔又称灌水周期,这个周期取决于作物、水源和管理状况。一般设施内植物灌水周期为 2 天左右。灌水周期可用下式计算:

$$T=\frac{m}{E}$$

式中:T 为灌水周期;m 为灌水定额,单位为毫米;E 为微灌植物需水量(又称需水强度),单位为毫米/天。

(3)一次灌水延续时间的确定

可按下式计算:

$$t = \frac{mS_0S_r}{\eta q}$$

式中:t 为一次灌水延续时间(小时);S_0 为灌水器间距(米);S_r 为毛管间距(米);q 为灌水器流量(升/小时);η 为滴灌水有效利用系数,一般取 0.9～0.95;其余符号意义同前。

七、新型日光温室气体条件及其调控技术

温室是一个半封闭系统。为了提高室温，往往采取密闭覆盖方式来控制环境，限制了室内空气与室外大气间的气体交换，造成低二氧化碳浓度、高湿高温和高有害气体浓度等。为了维持温室作物的正常生育环境，必须进行充分换气，补充二氧化碳浓度和排除有害气体。

（一）温室气流运动规律与通风换气

1.气流运动规律

温室内气流运动主要受太阳辐射和外界气流运动的影响，在室内形成独特的运动规律。其特点归纳如下（图7-1）：

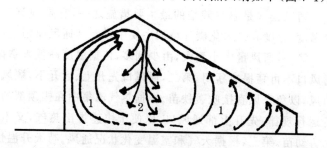

图7-1 温室气流组成图

1.基本气流 2.回流气流

第一，温室内的气流主要是由地面向上流动，称为基本气

流。

第二,整个气流是由基本气流汇集而成的,沿棚顶形成一层与棚顶平行的气流,它不断向棚中央最高处流动,最后折向下方流动,补充到地面,填补基本气流上升后形成的空间,称为回流气流。

第三,基本气流不是垂直向上,而是以30°角上升,到了上部角度增大到70°～80°,近乎垂直。

第四,基本气流的动力来自太阳光。东西向延长温室,上午太阳由东南方向射入,气流偏向西北方向流动;下午太阳由西南方向射入,气流偏向东北方向。另外,它又受到棚外风向的影响,一般气流运动方向与风的流向一致。

第五,温室内气流速度平均为0.28～0.78米/秒。由于受外界风向的影响,一般温室边缘处气流运动速度快,中心处气流运动速度慢。

2. 通风换气

(1)通风原则

通风换气是温室栽培的最主要措施之一,它是调节温室内温度、湿度和二氧化碳环境的主要手段。其通风原则是:

第一,通风量由小到大,由少到多,依据温度高低来掌握,通风口不可猛揭或猛闭。第二,通风口先开上、后开下,顺风向通风,以免寒风直接吹袭秧苗。根据热气流集中在棚顶部的气流运行规律,先开上部通风口,以便于快速排出热气,又不会伤害幼苗。第三,根据天气和室温变化状况通风。晴天升温快,可早通风;阴雪天升温慢,可晚通风。一般果菜类蔬菜应在室温达25℃～28℃时通风,低于15℃闭棚。但切忌阴天不通风,以免招致湿度过大,病害严重。尤其是在冬季的连续阴雪天情况下,温室内温度虽不高,但湿度过大,应在中午稍通通风,进行排湿换气。

(2)通风方法

可分为自然通风和强制通风2种。

自然通风主要是利用内外气温差产生的重力来达到换气的目的。气体交换主要是依赖于一定的压力来进行的。其压力之一是窗外的风力,压力之二是室内外温度所造成的压力差而产生的通风力。通风力的大小,可用下列公式计算:

$$P = (V_1 - V_2)H$$

式中:P 为通风力(千克/米³),V_1 为大气相对密度(1.293千克/米³),V_2 为室内空气相对密度(千克/米³),H 为换气窗高低差。

从上式可见换气窗开设的位置与通风力有关,换气窗的高低差 H 值越大,换气效果越好。因此在温室内同时开设天窗和地窗,换气效果最佳。

强制通风就是用排气扇的作用,将室外的空气吸入室内,待吸入空气上升后,又被排出室外,从而达到通风换气的目的。由于它是用机械动力代替自然风力强制进行室内外空气的交换,所以,自动化管理水平高,通风换气效果好。但是,投资设备较贵,对广大菜农是不适用的。

下面重点介绍一下几种自然通风的具体方法(图 7-2)。

①底窗通风式　打开门和前沿边窗进行通风,外界气流沿着地面进入,实现温室通风。但这种通风方式往往造成底冷风袭击,使室内顶部形成高温区,底部受到"扫地风"危害,使幼苗受害。所以,冬季一般不采取这种通风方法,春夏季外界气温较高时,可以采用底窗通风方式,但通风换气效果不佳。

②顶窗通风式　这种通风方式包括后屋面开通风窗和顶

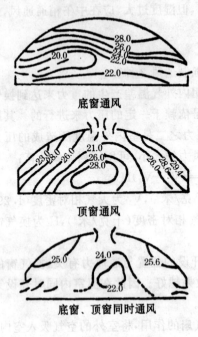

底窗通风

顶窗通风

底窗、顶窗同时通风

**图 7-2 通风方式与棚内
温度分布图** （单位：℃）

部扒缝通风等方法。后屋面上部可事先设置若干通风口，长度一般为 50 厘米×40 厘米。这些通风口不通风时关闭，通风时打开。东北等地区还采用通风筒、通风罩等办法通风。顶部扒缝一般是在温室顶部扒开塑料薄膜，根据室温高低决定扒缝的大小，从而达到通风换气的目的。顶窗通风式排风效果较好，不易造成"扫地风"危害，室内温度分布比较均匀，是冬季温室通风的主要方式。

③底窗、顶窗通风式 这种方式通风效果最佳。其中顶窗起排风作用，底窗起进风作用，通风换气好，室温分布均匀。

除此以外，还可以采用侧墙通风口通风、肩部扒缝以及后墙通风口通风等方式进行通风换气。冬春季通风面积控制在 2%～5%。随着季节和外界温度变化，开窗时间和面积逐渐加大，最大通风面积可达 25%～30%。

（二）二氧化碳条件及调节技术

二氧化碳是植物进行光合作用、制造碳水化合物的重要原料。在大气中，二氧化碳浓度为 300×10^{-6}（毫克/千克，下同）左右，能维持作物正常的光合作用。但实验证明，在光照和水、肥充足的条件下，如果把空气中的二氧化碳浓度从 300×10^{-6} 提高到 $1\,000 \times 10^{-6}$ 左右时，光合速度可增加 1 倍多，作物产量可提高 $20\%\sim30\%$。所以，二氧化碳施肥是增产的有效措施。

1. 温室中二氧化碳浓度变化的一般规律

温室是一个相对封闭的大型保护设施，室内二氧化碳主要来自大气、植物和土壤微生物的呼吸活动。观测表明，温室内二氧化碳浓度在上午揭草帘前达到最大，在 $1\,000 \times 10^{-6}$ 以上；揭帘后，随着光合作用的进行约每小时以 400×10^{-6} 的速度下降，到通风前，室内二氧化碳浓度下降到一天中的最低值。温室开始通风后，由于室外二氧化碳透进室内，使室内二氧化碳浓度稍有提高，但由于温室的通风量较少，补充进的二氧化碳数量有限，因此，到下午 16 时左右，温室内的二氧化碳浓度一直较低。16 时以后，随着光照的减弱和温度的下降，植株的光合作用减弱，二氧化碳浓度开始回升，盖保温帘后，浓度才超过大气二氧化碳的一般浓度。

2. 施用二氧化碳的必要性及施用效果

日光温室是一个半封闭系统，室内作物不断地从有限的空气中吸收二氧化碳，同时外界大气中的二氧化碳又不能及时进室补充,造成设施内二氧化碳浓度很低,不能满足作物生长发育的需要。蔬菜的二氧化碳饱和浓度为 $1\,000\sim1\,600\times10^{-6}$,二氧化碳补偿浓度为 $80\sim100\times10^{-6}$。在补偿浓度和饱和浓度范围内,浓度越高,蔬菜光合作用越强,增产效果越明显。

另外,温室内二氧化碳浓度容易出现亏缺,特别是在冬春严寒季节,因室温低不能通风换气时,室内二氧化碳浓度不断下降,达到 100×10^{-6} 左右,也就是接近二氧化碳补偿点的浓度。由于作物光合作用显著低下,同呼吸量处于相同程度,作物的生长完全停止,处于二氧化碳饥饿状态。比如冬春季温室生产番茄,晴天 7 时半左右日出,半小时后室内二氧化碳浓度下降到 300×10^{-6} 以下,日出后 1 个小时左右二氧化碳浓度更低,而通风换气往往在 9 时半以后。在这期间的 2 个小时内,作物处于二氧化碳饥饿状态,番茄苗的株高、叶数、干物重,特别是根干重显著下降。如果这种状况持续 2 周,与对照区相比净同化率减少 90%。遭受低二氧化碳浓度危害的番茄,在恢复到通常大气二氧化碳浓度下,光合速度仍然低下,这种现象要维持 $3\sim4$ 个小时才能结束。所以,施用二氧化碳是一项从二氧化碳饥饿状态中抢救作物的重要技术,其效果极为显著。

经大量的试验和实际应用证明,施用二氧化碳后,对温室内的作物可产生以下几个方面的效果。

第一,作物根系显著发达。

第二,座果多,果实膨大早。据试验证明,施用二氧化碳区的黄瓜比对照区增加雌花数 20%～30%,增加座果率 5%。施用二氧化碳区的番茄的座果数比对照区增加 15%～20%。

第三,叶面积大,光合作用增加。施用二氧化碳区的黄瓜生长势强,叶面积比对照增大 30％左右,叶片厚,叶色浓,光合强度明显提高。

第四,产量高,产值大。据陕西省咸阳沣西乡菜农陈怀忠种植黄瓜试验证明:施用二氧化碳后,比对照区前期增产30.4％,增值 29.3％;总增产 21.1％,总增值 19.6％。据美国、日本、德国等国资料,施用二氧化碳后,番茄可增产20％～30％,黄瓜可增产 10％～30％。

第五,产品品质好。据试验证明,施用二氧化碳后,番茄的含糖量提高 18％,有机酸提高 19％,糖酸比与对照区相似,明显增加了产品的品质和风味。

3. 二氧化碳施肥方法

（1）二氧化碳的来源

生产来源广、成本低的二氧化碳是决定推广应用的首要因素。目前关于二氧化碳的肥料来源主要有以下几个途径:

①有机肥发酵法　大量施用堆肥,使土壤中微生物活动对有机肥料进行分解,释放出二氧化碳。据实际测定,当每100 平方米床面积上施入 300 千克稻草,在 2～3 月份的气温条件下,仅 3 周左右即可发生大量的二氧化碳。粪肥和蒿秆混合生产的二氧化碳最多,其次是蒿秆,再次是松柏枝叶,在1 000 平方米温室内施入 2～3 吨以上堆肥、鸡粪、油渣等,通过土壤微生物呼吸,产生的二氧化碳可以满足定植后 2 个月内每天通风换气前作物对二氧化碳的需要量。

②燃烧法　即通过燃烧碳氢燃料(如煤油、天然气、优质煤等)产生二氧化碳气体,再用鼓风机把二氧化碳气体吹入温室内。这些燃料在产生二氧化碳的同时,还可释放出热量给温室加温。燃烧法因需要专门的二氧化碳发生器和专用燃料,费

用较高;燃料纯度不够时,还会产生一些对蔬菜有害的气体;春秋两季使用时,也容易使温室升温过快、过高,缩短施用时间。

③**液态二氧化碳法(钢瓶法)** 是用加压法把二氧化碳气体经压缩装在钢瓶内,使二氧化碳成为液体状态。使用时将钢瓶放在温室的入口处,液态二氧化碳经过装在瓶口处的减压阀减压后,用塑料软管把气体送入温室内。

④**化学反应法** 采用碳酸盐和强酸反应产生二氧化碳,以稀硫酸与碳酸氢铵反应法的应用最普遍。其反应原理是:

$$H_2SO_4(稀)+2NH_4HCO_3 \rightarrow 2CO_2 \uparrow +2H_2O+(NH_4)_2SO_4$$

这种方法取材方便,价格较低,不需要专门设备,较受农民欢迎。但该法操作较费工,二氧化碳浓度也不易控制,制作人员需先经简单培训,或请技术人员指导。

⑤**干冰制取法** 干冰是工业产品,是在超低温条件下(-85℃)制成的。干冰为粉状,在常温常压下直接气化生成二氧化碳,1千克干冰可产生0.5立方米二氧化碳。该法操作简单,干冰用量容易控制,使用效果较好。但固体二氧化碳(干冰)成本较高,而且贮藏和运输不方便,对人体也容易造成低温危害,目前应用不多。

⑥**固体颗粒状二氧化碳肥料** 山东省农业科学院原子能研究所研制成固态颗粒状二氧化碳肥料,或称固体颗粒气肥,可在大棚、温室中作为二氧化碳的补充施肥。该颗粒肥为直径1厘米的扁圆形颗粒。施入土壤表层后,在潮湿、适温条件下,发生理化和生长作用,可连续释放二氧化碳40天左右,供气浓度 $500 \sim 1\,000 \times 10^{-6}$。

该颗粒肥作为二氧化碳气体肥料的固体制品为国内首创,具有高效、安全、省工、省力、无残渣污染、成本较低的优点。其缺点是:该肥释放二氧化碳是连续性的,不能解决在作物急需时应大量释放、在作物不需要时即停止释放的矛盾。因此,施用后仍然不能彻底解决二氧化碳亏缺问题。

固体颗粒气肥的施用量为 20~30 克/平方米,施于地表或土表下 1~2 厘米。在蔬菜定植后施用 1 次,基本可供 1 茬作物二氧化碳的需要。

在以上诸方法中,应用较多的是化学反应法。目前,按这个原理已生产出二氧化碳发生器成套装置。

(2)二氧化碳施肥时期和时间

温室蔬菜生长发育前期(定植后 40 天内),植株较小,光合所需二氧化碳数量相对较少,加之土壤中有机肥的用量大,分解产生的二氧化碳较多,能够满足其生长所需的浓度,一般可以不施二氧化碳。若过早施用二氧化碳,会导致茎叶生长过快,而影响开花座果,不利于生产。进入座果期后,应加大二氧化碳的施用量,至结果高峰期正是植株营养需求量最大的时期,也是二氧化碳施用的关键期,此期即使外界温度已较高,通风量加大了,每天也要进行短时间的二氧化碳施肥。一般每天只有 2 小时左右的高浓度二氧化碳时间,就能明显地促进蔬菜生长。结果后期,植株的生长量减少,应停止施用二氧化碳,以降低生产费用。一天内,二氧化碳的具体施用时间应根据温室内二氧化碳的浓度变化以及植株的光合作用特点进行安排。一般晴天及日出半小时后,温室内的二氧化碳浓度下降就较明显,所以晴天应在日出后(揭帘后)半小时开始施用二氧化碳;多云或轻度阴天,可把施肥时间适当推迟半小时。

(3)二氧化碳施用浓度及用量

试验证明:一般蔬菜施用二氧化碳的浓度为大气二氧化碳浓度的 3~5 倍,即 $1\,000$~$1\,500\times10^{-6}$。不同种类作物施用的浓度应有差异,其中叶菜类为 $1\,500\sim2\,500\times10^{-6}$,黄瓜为 $1\,200\times10^{-6}$,番茄、茄子、辣椒为 $800\sim1\,000\times10^{-6}$,西瓜为 $1\,000\times10^{-6}$。不同的天气条件下,光强不同,适宜的二氧化碳浓度亦不同。番茄和黄瓜在阴天施用二氧化碳浓度为 $500\sim600\times10^{-6}$,晴天为 $1\,000\sim1\,200\times10^{-6}$。

根据我国广大菜农普遍采用碳铵和硫酸反应法进行二氧化碳施肥的实际,在施用量上主要考虑碳铵的用量,即事先按硫酸:水=1:3 配制后放在塑料桶或瓷缸中,每天定量放入碳铵,让其反应产生二氧化碳气体。现据山东省寿光县蔬菜办公室提供的数据,列出几种蔬菜主要生育阶段二氧化碳施肥的碳铵用量,供参考(表 7-1)。

表 7-1   几种主要蔬菜主要生育阶段二氧化碳

施肥的碳铵用量   (单位:克/米²)

种 类	苗 期	定植至座果	座果至收获
黄 瓜	5.7~8.1	11.5~16.5	8.0~11.9
番 茄	2.7~3.6	7.2~9.7	6.0~4.0
辣 椒	4.5~6.3	9.1~12.2	11.3~13.8
芹 菜	—	7.6~11.7	
韭 菜	—	13.5~21.0	—

(4)二氧化碳浓度的测量方法

温室内二氧化碳浓度可用化学反应法进行测量。比较简单的测量方法是:用试管或三角瓶盛适量的 0.001 摩/升的碳酸氢钠试液,并滴入少许甲酚红指示剂。在 25℃时,该试液的 pH 值为 7.9 左右。当试液从空气中吸收二氧化碳的浓度下降时,试液中的部分二氧化碳便放出来,pH 值升高,颜色由黄变红。因此,可以根据试液的颜色变化与标准试液比色,得出试液的 pH 值,再换算出二氧化碳浓度。试液比色与所代表的pH 值和二氧化碳浓度的对应关系见表 7-2。

表 7-2　二氧化碳浓度与碳酸氢钠试液颜色的对应关系　（25℃）

试液比色范围	深红色	红　色	橘红色	橙　色	黄　色	淡黄色
所代表的 pH 值	7.9	7.8～7.7	7.65～7.6	7.4	7.35	7.30
所代表的二氧化碳浓度厘米^3/米^3	310	430～570	670～1000	1140	1274	1430

温室内二氧化碳浓度还可用有关仪器进行测量,精确度较高,但费用较高,实际意义也不大。

（5）二氧化碳施肥具体操作方法

①直接施用液态二氧化碳　可用鼓风机或排风扇吹施。另外,还可以利用塑料管施放,将塑料管接在二氧化碳气瓶阀门上,管子高度以与作物高度同等为宜。在塑料管上打放气孔,孔口朝向斜上方,以使气流经温室顶部塑料薄膜反射到作物上,孔距 3 米左右。为了使放气均匀,气孔直径应按与钢瓶距离的远近从 0.8～1.2 毫米逐渐加大。钢瓶出口压力保持在98.1～117.7 千帕,每天通气 6～12 分钟。

②化学反应法装置施肥法

一是简易装置法。该施肥法是把碳酸氢铵和稀硫酸分成若干份,每份放于 1 个塑料桶内,把塑料桶均匀地分散排列到温室内。该法施肥均匀性好,装置简单,易操作,较易推广。但采用这种方法施肥费工、费时、用桶多、占地多,易挥发出氨气。

简易装置法的反应应根据温室大小和所用桶的个数来确

定。一般温室大小一定时,反应点越多,二氧化碳扩散的均匀性越好,但费用增多,也较费工费时。用这种方法施肥二氧化碳密度大,移动性差,易下沉到地面。为使二氧化碳均匀地扩散到整个温室里,反应点要求离地1米以上,可用方凳把塑料桶垫高,也可把桶挂到前屋面的骨架上。施肥时,按用量要求计算并称量出碳酸氢铵,然后按桶数分包。用小塑料食品袋包好后带进温室内,在每个袋上用木棍扎3～4个小孔,把袋投入桶内,并用一重物把塑料包压沉到桶底,碳酸氢铵便与稀硫酸反应,放出二氧化碳气体。为避免反应时泡沫飞溅出桶外,要求每个桶内的稀硫酸盛量不超过桶高的2/5。

二是成套装置施肥法。该法是将碳酸氢铵和稀硫酸集中到一个大塑料桶内进行化学反应,产生出的二氧化碳气体经过滤后,再通过1条扎有针眼的长塑料软管均匀分散到温室内。成套装置的一般结构如图7-3所示。

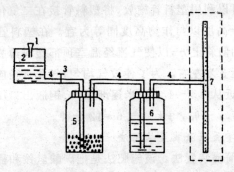

图7-3　化学反应法二氧化碳气体施肥的成套装置

1. 塑料漏斗(加硫酸用)　2. 盛硫酸塑料桶　3. 出液开关　4. 塑料软管
5. 反应桶(盛有碳酸氢铵)　6. 过滤桶　7. 散气管

操作方法:按图把各部分连接好,连接处要求封闭严密,不漏气。先在过滤桶中加入桶高1/2的清水,拧紧桶盖,再称出所需的碳酸氢铵,放进反应桶中,拧紧桶盖。把稀硫酸从漏斗倒入盛酸的桶内。检查各部分是否封闭严密,尤其是反应桶更要封闭严密,以免漏出氨气。封闭严实后,打开阀门,让硫酸流入反应桶内,与碳酸氢铵发生反应。散气管上每隔 1~1.2 米扎 1 个针眼,由近到远,针眼逐渐加大,但间距逐渐缩小。

成套装置法易操作,省工省时,并且安全性强,不会发生氨气中毒。但二氧化碳的扩散均匀性不如简易装置法,并且温室越大,均匀性越差,故较适合于面积为 333.5 平方米左右的温室施用。

(6)二氧化碳气体施肥中应注意的事项

①保证作物的肥水供应 二氧化碳气体施肥后,虽然能促进蔬菜的生长和发育,提高产量,但是二氧化碳只能增加蔬菜的碳水化合物营养,矿质营养和水营养必须由土壤提供。此外,由于二氧化碳气体施肥后,植株生长加快,对肥水的需求量也相应增多。所以,施用二氧化碳的温室,必须加大肥水供应量,以防脱肥和脱水。

②温度偏低时不得施用二氧化碳 温度偏低时,不仅二氧化碳的利用率低,而且二氧化碳气体的浓度容易偏高,引起二氧化碳气体中毒。因此,当温度低于 15℃时,要停止施用二氧化碳。

③温室内光照过弱时不得施用二氧化碳 一般温室内的光照强度低于 3 000 勒时,不要进行二氧化碳气体施肥,以防发生二氧化碳气体中毒。

④高温期要缩短施肥时间 温度偏高时施用二氧化碳容易导致植物叶片老化,所以高温期(32℃以上)要缩短二氧化碳施肥时间。

⑤每次施用二氧化碳时间不宜过长 一般每天上午日出

后(或揭草苦后)施肥 2 小时左右为宜,通风前半小时要停止施肥。

⑥硫酸、碳铵反应法应注意的问题

一是要防止氨气中毒。碳酸氢铵易挥发产生氨气,因此碳酸氢铵不得在温室内贮存、称量和分包。

二是要防止硫酸挥发引起酸中毒。硫酸易挥发,被水滴吸收后,使水滴呈酸性。酸水落到叶面上时,容易伤害叶片。因此,硫酸的一次用量不得过多,以够当日反应用即可。此外,盛酸桶在加入碳酸氢铵反应前要加盖密封,浓硫酸稀释也不要在温室内进行。

三是反应后的残渣可作肥料施用。追施前要检查反应液反应是否彻底。检查方法是,用纸包少量碳酸氢铵投入装有反应液的桶底,如无气泡冒出,表明反应彻底,可加 5～10 倍的水稀释后,随水冲施到地里;如果仍有气泡冒出,表明桶内尚剩有硫酸,不能施用,要加入碳酸氢铵继续反应,直到无气泡冒出时再施用。

(三)有害气体的产生与预防

温室内因施肥不当、加温不科学或塑料膜质量差等原因,会产生多种有害气体,若通风不及时,容易对蔬菜造成危害(表 7-3)。如黄瓜、辣椒、番茄等对氨气反应比较敏感;番茄、茄子、黄瓜、芹菜等对亚硝酸气体反应比较敏感。目前,温室内的有害气体主要有以下几种:

续表 7-3

气体种类	症 状	受害叶年龄	受害叶部位	浓度（×10⁻⁶）	时间（天）		敏感的蔬菜	有耐性的蔬菜	耐性强的蔬菜
					持续时间	参考时间			
氟化氢（HF）	叶尖和叶缘发干和失绿，植株矮化，落叶，低产	成熟叶子	表皮与叶肉	0.10	5（周）	2（周）	全部蔬菜均敏感	—	—
氯（Cl₂）	叶脉间发白，叶尖、叶缘发干，落叶	成熟叶子	表皮与叶肉	0.10	2	34	十字花科蔬菜	—	—
乙烯（C₂H₂）	花瓣凋萎，叶子变形，落花或开花不正常，叶身下垂，叶弯曲，叶子开始时发黄渐变白而死亡	花、中部叶子	叶肉、花	0.05	6	35	番茄、辣椒、茄子	胡萝卜、南瓜	甘蓝、西葫芦、洋葱、芹菜、豆、黄瓜
氨（NH₃）	叶片呈水浸状萎蔫	老叶、中部叶子、幼叶	叶肉、细胞	5	2~4	15	黄瓜、番茄	—	甘蓝、洋葱

注：参考时间指某些作物在某些条件下，发病时间可以提早或延迟

表 7-3　危害蔬菜的气体种类、危害症状、部位、浓度及其抗性程度

气体种类	症　状	受害叶年龄	受害部位	浓度 (×10⁻⁶)	时间(天)		敏感的蔬菜	有耐性的蔬菜	耐性强的蔬菜
					持续时间	参考时间			
臭氧(O₃)	斑点、条纹、白斑、变色、生长被抑制、早期脱落，叶尖变褐色、坏死	老叶、幼叶	逐渐蔓延到栅状组织	0.03	4	7	全部蔬菜均敏感	—	—
过氧乙酰硝酸酯(CH₃CO₃NO)	基部叶子变褐色或银白色	幼叶	海绵组织	0.01	6	13	全部蔬菜均敏感	—	—
亚硝酸气(NO₂)	叶脉间或叶缘形成不规则的褐色或白色的病斑	中部叶子	叶肉细胞	2.5	4	15	莴苣、芹菜、番茄	—	石刁柏
二氧化硫(SO₂)	叶脉间有白斑，叶缘发白失绿，生长受抑制，早期脱落减产	中部叶子	叶肉	0.3	8	24	莴苣、萝卜、豌豆、菜豆、甘蓝、番茄、茄子	—	甜瓜、氯瓜

1. 氨气（NH₃）和亚硝酸气（NO₂）

温室中农家肥和氮肥施用量较大，由于受土壤微生物活动及土壤酸碱度的影响，会在土壤中分解产生大量的氨气和亚硝酸气体，并不断地释放到空气中。当氨气浓度达到 5×10^{-6} 时，或亚硝酸气体浓度达到 2×10^{-6} 时，便对蔬菜造成危害。氨气的危害症状是：一般先从植株下部叶片开始，叶片先呈水浸状，无光泽，接着变为褐色，最后枯死。危害轻时，一般仅叶缘干枯。亚硝酸气体的危害症状是：使植株中上部叶片背面产生水浸状不规则的白绿色斑点，有时全部叶片产生褐色小粒状斑点，最后逐渐枯死。

出现氨气危害的主要原因：一是施用未腐熟的农家肥，即农家肥未经发酵就直接施入土壤，在发酵腐熟过程中产生大量氨气。二是追施尿素等氮肥，未及时覆土，在强光、高温条件下，分解放出氨气。出现大量亚硝酸气体是由于氮肥施用过多，土壤中的亚硝酸细菌分解氮肥产生亚硝酸气体。由于施肥后，肥料中的氮先分解形成氨气，再氧化成亚硝酸，因此，一般氨气危害发生较早，多出现施肥后的第三四天，而亚硝酸气体危害多发生于施肥后 2 周至 1 个月。可通过测定温室内壁附着水滴的 pH 值进行判断，pH 值＞7.2 时，室内已有过量氨气产生；pH 值＜4.5 时，室内已出现亚硝酸气体危害。

预防办法是避免过量施用氮肥，特别要注意避免施用未经充分腐熟的鸡粪和其他农家肥等。施肥后及时浇水，同时适当加大通风量，排除有害气体。

2. 二氧化硫（SO₂）和一氧化碳（CO）

在大气污染中，尤以二氧化硫的数量最大，当二氧化硫的

浓度超过 0.2×10^{-6} 时,可引起植株叶绿体解体,叶片漂白甚至坏死。一般番茄、辣椒、黄瓜、豌豆、菠菜等出现白色斑点;胡萝卜、南瓜、茄子等会出现褐色斑点;西瓜、蚕豆会出现黑烟色斑点。

煤中含硫化合物多,当用燃煤法进行二氧化碳施肥或给温室加温时,若烟道有漏洞、缝隙,就会将二氧化硫和燃烧不完全的一氧化碳扩散到温室内。这种毒气不仅危害作物,更严重的是还会危及到温室管理人员,浓度高时,甚至造成人员死亡。

预防办法是选用含硫化物少的优质煤;注意燃料充分燃烧,并经常检查烟道,确保其密闭性好;同时加强通风。

3. 乙烯(C_2H_4)和氯气(Cl_2)

产生乙烯和氯气的原因是有毒的塑料薄膜及塑料制品。农用塑料制品的主要原料是聚氯乙烯树脂,它的增塑剂和稳定剂经阳光暴晒和在高温条件下会挥发出毒气,产生危害。当乙烯气体的浓度达 1×10^{-6} 以上时,可使植株叶片或叶脉间发黄而后变白枯死,严重时可使全株死亡。当氯气的浓度达 0.1×10^{-6} 时,2 小时后,即可危害十字花科作物,破坏叶绿素,使叶子褪色,严重时全叶漂白、枯卷,甚至脱落。

预防办法是选用无毒塑料制品,如日光温室专用棚膜。塑料制品不在温室内堆放,临时放置时要防高温、高湿和强光,减少有毒气体的产生及危害。

在预防有害气体的同时,还应注意预防农药污染。预防办法是控制农药用量,改进施药方法,不在烈日高温下喷药,防止药物中毒。

八、新型日光温室土壤环境 与控制技术

土壤是作物生存的基本环境。施肥既可以增加蔬菜产量、改善产品品质、提高土壤肥力，也可能导致蔬菜减产、土壤肥力退化，而保证土地持续高产则是每个生产者所最关注的问题。因此，设施条件下土壤的科学管理和合理施肥技术的研究和应用就显得越来越重要。

（一）温室土壤环境的特点

1. 温室栽培作物对土壤的要求

蔬菜日光温室栽培，近年来发展迅速，种植的蔬菜种类比较多，但对每一个温室生产单元来说，种植作物种类比较单一、重茬多、产量高，因而对土壤的要求比较高。

第一，要求土壤高度熟化，耕性好，有较厚的腐殖质积累层，有机质的含量要在 2%～3%以上，耕作层土壤厚度在 30 厘米以上。

第二，土壤结构疏松，有较好的保水、供水和供氧能力。

第三，土壤酸碱度适中，多数蔬菜作物在 pH 值 6～6.8 的范围内，即在微酸性的土壤环境中生育良好。

第四，土壤有较大的热容量和导热率，温度变化比较稳定，即稳温性好。

第五，土壤养分含量高，保肥供肥能力强。

第六，土壤卫生，无病虫寄生，无污染性物质积累。

由于某些客观条件的限制，温室初建时，选择地块不一定都能满足以上要求，因而应根据上述要求标准，积极地进行改良和培肥。

2. 土壤培肥和改良

日光温室栽培是高度集约化的生产方式。除在温室建造时注意选择适宜的土壤外，在生产过程中，还应该进行土壤的培肥和改良。设施土壤培肥和改良的原则是：用养结合，因地制宜，综合治理，快速改良。就大多数土地来说，改良的根本措施就是大量增施有机肥料和实施平衡施肥。有机肥料对培肥和改良土壤的作用主要有以下几个方面：

第一，可以提供大量的无机养分和有机养分，养分齐全，许多养分可以被多种植物直接吸收利用。

第二，可以改善土壤结构，形成微团聚体，从而改善土壤的理化性质，提高土壤缓冲能力和保肥供肥、保水供水能力。

第三，有机肥在土壤中能形成腐殖质，不仅可以直接营养作物，而且腐殖质以胶膜形式凝聚在矿质颗粒表面，同多种金属离子形成螯合物，对微量元素的有效性起控制作用。

第四，有机肥可以缓慢、均衡地供给作物所必需的养分，不易发生盐分浓度障碍。而超量施用化肥极易形成浓度障碍。

第五，温室是接近封闭或半封闭的设施，气密性好，在有机肥分解过程中可释放出大量的二氧化碳，成为供给植物光合作用原料的重要来源。

第六，生产实践证明，多施有机肥不但产量高、品质好，而且病害轻。从另一个角度看，每 667 平方米温室的产值相当于其 20 倍左右的粮田，如果没有相应数量的有机肥保证，温室也难以达到相应的产值。

3. 温室内土壤的特点

第一，由于温室内土壤温度高于露地，加上土壤湿度较大，使土壤微生物活动旺盛，加快了土壤养分转化和有机质的分解速度。

第二，土壤中各种元素的含量与各种蔬菜对各元素的要求往往不相匹配。果菜类蔬菜对钾的需求量最大，氮次之，再次是钙和磷，最后是镁。在温室蔬菜栽培中，最易发生缺钾症，也常发生缺钙症，应特别注意。

第三，温室内的土壤易返盐，影响作物正常生长发育。由于温室内的土壤不受降水的淋溶，施用的矿质元素肥料流失很少；而土壤深层的盐分受土壤毛细管的提升作用，随土壤水分运动上升到土壤表层。由于连年施肥，使残留在土壤中的各种肥料盐分随水分向表层积聚，常常会因土壤溶液中盐分浓度过高而对作物产生危害。尤其在偏盐碱地区建造的温室内，土壤返盐现象更为严重，受盐害的作物一般表现矮小，生育不良，叶色浓，严重时从叶缘开始干枯或变褐色，向内或向外翻卷，根变褐色以至枯死。各种蔬菜根系的抗盐能力不同，茄子的抗盐能力较强，番茄、辣椒次之，再次是西葫芦和南瓜，黄瓜耐盐性较差。

第四，由于温室大棚多数长期连作，导致土传病害严重，土壤理化性质变坏，作物生长不良。

第五，由于温室大棚土壤中硝酸盐浓度高，使土壤酸性化，从而抑制土壤中硝化细菌的活动，易发生亚硝酸气体的危害。此外，还会增加铁、铝、锰等的可溶性，降低钙、镁、钾、钼等的可溶性，从而诱发作物发生某种营养元素缺乏症或过剩症。

(二)蔬菜合理施肥技术

1. 植物的必需物质和营养条件

已知有 16 种化学元素是植物生长所必需的,蔬菜作物也不例外。

这 16 种化学元素包括:大量元素碳(C)、氢(H)、氧(O)、氮(N)、磷(P)、钾(K);中量元素钙(Ca)、镁(Mg)、硫(S);微量元素硼(B)、氯(Cl)、铜(Cu)、铁(Fe)、锰(Mn)、钼(Mo)、锌(Zn)。其中植物对氮、磷、钾的需求量大,作物的生长状况和产量常受这 3 种营养元素左右,并需经常用施肥形式补充土壤,供作物吸收利用,故人们常称其为肥料的"三要素"。

2. 作物营养元素缺乏症和过剩症

表 8-1 列出了作物营养元素缺乏和过剩的一般症状。温室生产中一般可能出现氮、磷、钾、锌、钙、硼、钼等元素缺乏症。

表 8-1　作物营养元素缺乏和过剩的一般症状

元　素	缺乏症状	过剩症状
氮(N)	1. 植物全体绿色显著减退成淡黄色	1. 叶呈深绿色,多汁而柔软,对病虫害及冷害的抵抗能力减弱
	2. 植物生长变矮,分蘖减少	2. 茎伸长,分蘖增加,抗倒伏性降低
	3. 根的发育细长,瘦弱	3. 根的伸长虽然旺盛,但细胞少
	4. 籽实减少,品质变坏	4. 籽实成熟推迟

元　素	缺乏症状	过剩症状
磷(P)	1. 缺乏症一般发生在下位叶,尔后扩展到上位叶 2. 叶变窄,色暗绿、绿红、赤绿、青绿或紫色 3. 着花少,开花结实延迟 4. 根毛粗大而发育不良,分蘖明显减少或不分蘖	1. 一般不出现过剩症 2. 营养生长停止,过分早熟,导致低产 3. 大量施用磷肥将诱发锌、铁、镁的缺乏症
钾(K)	1. 因钾易于移动,缺乏症首先发生在老叶 2. 新叶和老叶的中心部呈暗绿色,叶的尖端和叶缘部分黄化、坏死,与健全部分的界限明显,类似胡麻斑病 3. 叶片褶皱弯曲 4. 只在主根附近形成根,侧向生长受到限制	1. 虽然和氮一样可以过量吸收,但难以出现过剩症 2. 土壤中钾过剩时,抑制了镁、钙的吸收,促使出现镁、钙的缺乏症
钙(Ca)	1. 因为在体内难以移动,缺乏症出现在生长点 2. 因为生长组织发育不健全,芽的先端枯死,细根少而短粗 3. 籽实不饱满,妨碍成熟 4. 缺钙时,番茄出现脐腐病,芹菜、白菜出现心腐病	1. 不出现钙过剩症 2. 大量施用石灰,抑制镁、钾和磷的吸收 3. pH 值高时,硼、铁等的溶解性降低,助长这些元素缺乏症发生
镁(Mg)	1. 妨碍叶绿素的形成,叶脉间黄化,禾本科植物呈条状,阔叶植物呈网状黄化 2. 黄化部分不发生坏死 3. 单独施钾则助长镁的缺乏	土壤中镁、钙比高时,作物生长受到阻碍

元　素	缺乏症状	过剩症状
钼(Mo)	1. 叶的中脉残存呈鞭状 2. 叶脉间黄化 3. 叶片上产生大的黄斑 4. 叶卷曲成杯状 5. 植株矮化,呈各种形状	1. 植物一般不发生钼过剩 2. 叶片出现失绿 3. 马铃薯的幼株呈赤黄色。番茄呈金黄色
铁(Fe)	1. 阻碍叶绿素的形成,叶片发生黄化或白化,但不发生褐色坏死 2. 缺乏症发生在上部叶片 3. 喷施硫酸亚铁可迅速恢复 4. 磷、锰、铜的过量吸收助长铁的缺乏	大量施入含铁物质,增大了磷酸的固定,从而降低了磷肥的肥效
硼(B)	1. 植株矮小,茎叶肥厚弯曲,叶呈紫色 2. 茎的生长点发育停止,变褐 3. 发生大量侧枝;严重缺乏时,常出现花而不实(不孕症) 4. 根的伸长受阻碍,细根的发生减少	1. 叶缘黄化,变褐 2. 属施用的容许范围窄的微量元素,易发生过剩症
锌(Zn)	1. 叶片小(小叶病),变形,而且叶脉间发生黄色斑点(斑叶病) 2. 细根的发育不全	新叶发生黄化,叶、叶柄产生赤褐色斑点

3. 施肥种类和施肥方法

（1）氮　肥

化学氮肥主要分为铵态氮（如氨水、硫酸氢铵、氯化铵等）、硝铵态氮肥（如硝酸铵、硫硝酸铵）、硝态氮肥（如硝酸钙、硝酸钾、硝酸钠）、酰胺态氮肥（尿素）和氰氨态氮肥（石灰氮）。常见的氮肥有尿素、硝酸铵、碳酸铵、碳酸氢铵和氯化铵等。这几种氮肥除氯化铵不能在氯敏感作物（如烟草、马铃薯、亚麻等）上施用外，一般均适宜于各种作物和土壤。

尿素可作基肥、追肥或叶面喷施。尿素一般不宜作种肥或拌种。如需要时，应注意控制用量，每 667 平方米一般不能超过 5 千克。

作基肥施用时要注意深施，并根据不同作物、土壤、灌溉条件等，采用不同方法和用量，一般每 667 平方米用量为 5～15 千克（纯量）。同时，要注意与磷肥配合施用，以提高肥效。

尿素作追肥时，也要注意因作物、土壤及基肥数量的不同而异。一般每 667 平方米用量 5～20 千克（纯量），降水多、灌水量大、沙性土壤应遵循少量多次的原则，并且要提前几天施入。

尿素作叶面追肥时，要根据作物种类调整浓度，一般喷施浓度为 0.2%～2%（表 8-2）。

表 8-2　蔬菜作物叶面喷施尿素适宜浓度　（%）

作 物 种 类	浓 度
萝卜、白菜、菠菜、甘蓝、黄瓜	1.0～1.5
甘薯、马铃薯、西瓜、茄子	0.4～0.3
番茄、葱、温室黄瓜	0.2～0.3

硝酸铵适用于各种作物和土壤,在灌水较多或多雨季节一般不宜作基肥。作追肥时,要小量多次施用,并结合灌水追肥。一般不宜作种肥,若需要时一般每 667 平方米用量不能超过 2.5~5 千克(因作物及种子数量而异)。

碳铵可作基肥和追肥,不宜作种肥。

作基肥时边撒边耕翻,把碳铵翻到表土以下,然后耙平。

作追肥时,可穴施或沟施后立即覆土,施肥深度 6~9 厘米;也可随水灌溉后中耕。追肥时应注意离开种子或植株 10 厘米。

(2)磷 肥

化学磷肥大体可分为水溶性磷肥(包括普通过磷酸钙、重过磷酸钙、磷酸铵等)、枸溶性磷肥(如钙镁磷肥、钢渣磷肥、沉淀磷酸钙等)、混溶性磷肥(如硝酸磷肥、氨化过磷酸钙等)和难溶性磷肥(如磷矿粉)。常见的磷肥主要有磷酸铵、过磷酸钙、重过磷酸钙和磷矿粉。

磷肥应集中施用(如条施、穴施),并与有机肥混拌后施用效果较好。

磷酸铵(包括磷酸一铵、磷酸二铵)中所含的氮、磷养分都是有效的,各种作物、土壤均可施用,可作基肥、追肥和种肥。

作基肥时,一般每 667 平方米用量为 5~15 千克(实物量),应注意优先用在需磷肥较多的作物和缺磷的土壤上,同时应当按作物、土壤需磷的情况来考虑肥料用量,并要注意氮、磷配合施用。

磷酸铵作种肥时,应根据种子量决定用量大小,一般应小于 5 千克/667 米^2(实物量)。

普通过磷酸钙一般多用作基肥,有时也可用作种肥(如蚕豆的泥浆拌种),或根外追肥施用。施用量可根据作物和土壤的不同而异,一般每 667 平方米用量在 4～10 千克(纯 P_2O_5)即可。由于磷肥具有一定的后效,故还可根据轮作情况而进行轮施。普通过磷酸钙的施用除注意集中施用和与有机肥混拌后施用外,还可制成颗粒磷肥或分层施用,效果会更好。

重过磷酸钙是一种高浓度磷肥,其效果和施用方法与普通过磷酸钙基本相同。施用量可根据需要酌情减少。作种肥时,每 667 平方米用量 5 千克(纯 P_2O_5)左右。

磷矿粉是一种迟效性肥料,其效果与所配施肥料的性质、作物种类、土壤条件等有关。因此,施用时应注意其细度,并与有机肥和速效磷肥配合施用,每 667 平方米用量一般为 50～100 千克(实用量)。

(3)钾 肥

钾肥的品种主要有硫酸钾、氯化钾、钾镁肥、钾钙肥、硝酸钾等。另外,草木灰、窑灰等也是很好的钾肥。现在常见的化学钾肥主要是硫酸钾和氯化钾。

硫酸钾和氯化钾作基肥、追肥均可。作基肥时施肥深度应在根系集中分布的土层中,作追肥时应集中条施或穴施到根系密集的湿润土层中,减少钾的固定,也有利于根的吸收。在保水、保肥性差的砂田中应分次施用。

硫酸钾适宜于各种作物,而氯化钾不宜用在氯敏感作物上,尤其不宜作追肥施用。必要时应作基肥,并尽量早施,使氯淋洗到土壤深层。一般每 667 平方米用量控制在 5～10 千克(纯 K_2O)。

(4)微量元素施肥

微量元素可作基肥,也可作种肥和追肥。

作基肥时要控制施用量,以防施肥过多引起中毒。一般可根据土壤中的有效浓度高低,每 667 平方米施肥 300～500

克。

作种肥可采用拌种法或浸种法。拌种时，按每千克种子 0.5～1 克的肥料用量，把肥料配成溶液，再用喷雾器边喷雾边拌种，晾干后播种。浸种法常用 0.01%～0.05% 的肥料溶液浸种 12～14 小时。

作追肥时多采用叶面追肥，施肥浓度一般为 0.1%～0.2%。

表 8-3 列出了一些微肥在蔬菜上的施用方法和施用浓度，供参考。

表 8-3　蔬菜微肥施用方法及浓度

微量元素	微　肥	施用方法	施用浓度
硼(B)	硼　砂	喷　施	0.5%～1.25%
	硼　酸	浸　种	0.02%～0.05%
铁(Fe)	硫酸亚铁	基　施	1～3 千克/667 米²
		喷　施	0.2%～1%
锌(Zn)	硫酸锌	浸　种	0.02%～0.05%
		喷　施	0.1%～0.2%
钼(Mo)	钼酸铵	浸　种	0.02%～0.05%
		拌　种	2～6 千克/667 米²
铜(Cu)	硫酸铜	喷　施	0.02%～0.05%
锰(Mn)	硫酸锰	浸　种	0.05%～0.2%
		喷　施	0.1%～0.2%

(5)有机肥料

主要是指人、畜、禽排泄物。其特点是养分全，不但含有大量元素、中量元素，而且含有多种微量元素，且肥效均匀。多适宜作基肥;在蔬菜产区,也常用粪稀作追肥(表 8-4)。

表 8-4　主要有机肥料的养分含量　(占鲜重%)

类　别	有机物	氮(N)	磷(P_2O_5)	钾(K_2O)
人粪尿	5～10	0.5～0.8	0.2～0.4	0.2～0.3
猪圈粪	25	0.45	0.19	0.60
马厩肥	25.4	0.58	0.28	0.53
鸡　粪	25.5	1.63	1.54	0.85
土　粪	2～6	0.12～0.58	0.12～0.68	0.12～0.53

(6)绿　肥

目前用作制绿肥的植物品种主要为苜蓿、毛苕子、箭筈豌豆、草木樨等牧草。利用方式有过腹还田及压青肥田等。对培肥土壤有重要作用。

(7)生物肥料和气肥

现在市场上常见的生物肥料有:生物菌肥、生物钾肥等。施用效果常因条件不同而差异较大,应在专业人员指导下应用。

气肥主要指二氧化碳(CO_2)。现在二氧化碳气肥主要是在温室中应用(见二氧化碳施肥)较普遍。

4. 肥料利用率和作物平衡施肥技术

(1)肥料利用率

肥料利用率是指当季作物从所施肥料中吸收的养分占肥料中该养分总量的百分数。

影响肥料利用率的因素很多,除与土壤类型、作物种类、气候条件等有关外,在很大程度上取决于肥料施用技术(包括所用肥料的质量、数量、施肥时期、施肥方法及肥料间的配合)。

测定肥料利用率的准确方法,应采用同位素标记技术,但价格昂贵,设备条件要求高。而一般情况下通过必要的田间和室内化学分析工作,按下式可求得肥料的利用率。

肥料利用率(%)=

$$\frac{施肥区作物体内该元素吸收量-无肥区作物体内该元素吸收量}{所施肥料中该元素总量}$$

经大量试验证明,一般情况下,作物对化肥当季利用率的变动范围,氮肥 30%～60%,磷肥 20%,钾肥 30%～70%,有机肥的氮素利用率较低。一般腐熟好的厩肥和绿肥在 30%左右,质量差的土粪和泥肥等则不足 10%,而有机肥中的磷、钾利用率较高。

(2)平衡施肥技术

平衡施肥的主要理论依据就是植物营养的归还学说,即为了维持土壤肥力,作物从土壤中吸收多少养分,就应施入多少养分,以此来保持土壤养分的平衡。平衡施肥的另一个概念则是依据最小养分律,随着施入养分的变化,作物营养的限制因子发生变化,这样就需要增施另外一种养分。因此,从这个意义讲,为了维持肥力,就需多种养分配合施用,以此来保持土壤中各种养分之间的平衡关系。

(三)温室施肥技术

1.肥料的选用

根据不同作物生长发育的要求,选择适宜的肥料进行合理配比、合理施肥,既能满足作物需求,又不造成浪费或土壤积盐。

温室常用的肥料有农家肥和速效化肥。农家肥有人粪尿、畜禽肥、饼肥、堆肥及土杂肥。经常施用的化学肥料主要有硝酸铵、磷酸二铵、过磷酸钙和硝酸磷肥等。碳酸氢铵、尿素多作底肥施用,一般较少用作追肥,除非采取特别的处理方法。另外,根据作物生长需要,补充一些微肥,如铁、锰、锌、铜、硼、钼等也是温室中常用微肥。施用高效生物肥料是目前作物施肥的新技术,施用高效生物肥料,是提高温室生产效益、改良温室土壤环境、实现蔬菜生产持续高效发展、实现无公害生产的方向。目前常用的生物肥料有各类生物菌肥、生物钾肥、EM等。

近年来,随着农业生产的发展,施肥也由过去的单一种化肥,转变为多种化肥配合施用。除前面讲到的氮、磷复合肥被广泛应用以外,各地科研单位通过试验,结合本地区条件,研制生产出各种适应当地需要的各类作物(包括各种蔬菜)专用复合化肥或掺混肥。这类复混肥在实际农业生产中,特别是在温室、大棚蔬菜生产中应用越来越多,在农业生产中起到了积极的作用。施用专用复混肥应注意以下几点:

第一,肥料的养分含量要符合国家规定标准。如三元复混肥中的氮、磷、钾总养分含量大于或等于 20%;三元复混肥中的氮、磷、钾总养分含量大于或等于 25%,且组成该肥料的某一个单元素养分含量不能低于 4%。

第二,复混肥料中的氮、磷、钾比例要有针对性。应在专业技术人员的指导下,根据各地土壤条件(土壤中氮、磷、钾的丰缺情况)和不同作物、不同生产目的,有针对性地选择专用复混肥料。

第三,专用复混肥应以氮、磷、钾元素为主。还可根据各地区作物和土壤缺乏哪些微量元素,适当添加某一种微量元素。应避免做成"十全大补"型的所谓全元肥料,以免造成浪费。

第四,专用复混肥一般有两种剂型:一种是粒型,性质稳定,肥效较好。另一种是掺合型复混肥(粉状型),只是通过简单机械搅拌掺和而成,这种化肥一般性能差些,肥效也较差。

第五,施用专用复混肥时应注意肥料质量。肥料质量内容包括养分含量、水分、粒型和硬度等。

2. 施肥量的确定

不同作物需要的养分数量不同(表8-5),而同一作物不同产量水平下对养分的吸收量也不同(表8-6)。其施肥量可按经验法和计划产量法来确定。

表8-5 生产1吨果菜所需标准纯养分量 (单位:千克)

蔬菜种类	氮	磷	钾	钙	镁
黄 瓜	1.9~2.7	0.8~0.9	3.5~4.0	3.1~3.5	0.7~0.8
番 茄	2.7~3.2	0.6~1.0	4.9~5.1	2.2~4.2	0.5~0.9
茄 子	3.0~4.3	0.7~1.0	4.9~6.6	1.2~2.4	0.3~0.5
青 椒	5.8	1.1	7.4	2.5	0.9
西 瓜	2.1	0.6	4.5	—	—
草 莓	3.1	1.4	4.0	—	—

表 8-6　不同产量水平的番茄养分吸收量　（千克/667 米²）

产量水平	氮(N)	磷(P_2O_5)	钾(K_2O)
2000～2500	7.8	2.0	7.2
2500～3000	10.1	2.6	8.1
3000～3500	11.6	2.7	11.7
3500～4000	15.1	3.5	14.4
4000～4500	16.3	3.7	13.3

（1）经验法

即根据计划产量比原来产量增加的数量，计算在原来施肥基础上需要增加的施肥量。其计算公式为：

需增加的施肥量＝

$$\frac{计划产量-原来产量}{1000(千克)} \times F = \frac{增长数量}{1000(千克)} \times F$$

产量单位是千克，F 值是某一作物每生产 1 000 千克产品所需要的氮（N）、磷（P_2O_5）、钾（K_2O）的数量。计算出增施某营养元素的用量后，再根据肥料利用率（一般氮肥 40%，磷肥 20%，钾肥 50%，农家肥 20%）和肥料的有效成分含量，计算出某种肥料的施用量。其计算公式为：

$$某种肥料的施用量＝\frac{某营养元素增施量}{该肥料利用率 \times 该肥料有效成分含量}$$

（2）计划产量法

这是目前比较通用的施肥计算方法。其计算公式为：

$$Q = \frac{A-B}{C}$$

式中：Q 为施用量；A 为某种作物达到某一产量的需肥

量;B 为有机肥中可提供的养分量;C 为所用肥料的利用率。

3. 施肥方法

(1)基 肥

在作物播种或定植前结合翻地施入土壤中的肥料,称为基肥。基肥是温室丰产的营养基础,不仅能供给植物养分,而且还可以改良土壤。基肥应以农家肥为主;配合施用磷酸二铵或过磷酸钙,也可撒施适量的氮素化肥,但应及时翻入地下。基肥可普施,也可集中沟施,应根据肥料的数量来决定。肥料少时要以沟施为主;肥料多时,可以普施与沟施相结合。

(2)追 肥

在作物生长过程中所施用的肥料称追肥。追肥一般是以速效化肥为主,但早期亦可追施充分腐熟的饼肥及多元复合肥等。

(3)叶面施肥

叶面施肥虽不能代替土壤施肥,但可迅速改善植物营养状况,增加产量。常用的叶面肥料有:尿素、硫酸铵、硝酸钾、过磷酸钙、磷酸二氢钾、磷酸铵、硫酸钾和硫酸锌、硫酸锰、硫酸铜、硼砂、硼酸、钼酸铵及其他微量元素等。此类化肥可单独喷施,也可以 2 种以上元素配合喷施。但要掌握好施用量和施用浓度、施用时间。不同作物需要量和浓度是不相同的,一定要预先制定出方案。

叶菜类蔬菜,如白菜、青菜、菠菜、芹菜等,叶面肥应以尿素为主,喷施浓度为 1%～2%,每 667 平方米用量为 50～60千克尿素溶液,在生长前、中期喷施 1～3 次。

瓜、茄、豆类蔬菜,叶面肥应以氮、磷、钾混合液或多元复合肥料为主,如 0.2%～0.3%磷酸二氢钾,或 1%尿素、2%过磷酸钙、1%硫酸钾混合液,在植株生长中、后期喷施1～2次。

根(鳞)茎类蔬菜,如大蒜、洋葱、莴笋、榨菜、胡萝卜、马铃薯等,叶面肥应以磷、钾为主,如0.4%磷酸二氢钾,或2%过磷酸钙加1%硫酸钾混合液喷施。

另外,微量元素肥料多以叶面肥追施。

(4)滴灌施肥

由于温室中应用地膜覆盖配套滴灌较为普遍,也使施肥方法走上了自动化的道路。在采取地膜覆盖配套使用滴灌的栽培方式中,在水源进入滴灌毛管部位安装文丘里施肥器,用一个容器把化肥溶解,插入文丘里施肥器的吸入管过滤嘴,肥料即可随着浇水自动带入土壤中。这种施肥方式优点突出,肥料养分几乎不挥发、不损失、集中、浓度小,既安全,又省工、省力,施肥效果好,是目前最好、最科学的施肥方法,具有极好的发展前景。但对设备、肥料品种的要求较高。

滴灌施肥要求肥料的溶解性要好,常用的肥料有尿素、硝酸铵、硝酸钾、磷酸铵、磷酸二氢钾、硫酸铵及各类微肥等。在几种肥料配合施用时,除要注意肥料养分元素相互搭配及与基肥的关系外,还要注意几种配合的肥料不能发生化学反应,以免造成浪费而降低肥效。应在专业人员的指导下施用。

其他施肥方法还有拌种、浸种等。

具体施用时也有穴施、冲施、埋施、撒施、带施等各种方式之分,还有施肥期的选择等,在施肥的各个环节上都要做到科学、合理,才能最大限度地发挥肥料的效果,起到增产、增收、培肥土壤的目的。

(四)温室施肥应注意的问题

第一,追肥时禁用挥发性化肥。温室生产多在寒冷季节进行,温室大棚气密性好,通风量小或不能通风,若施用挥发性肥料(如碳酸氢铵),易在温室内部形成很高的有害气体浓度,危及作物。

第二,作基肥或追肥时,不能施用未腐熟的农家肥,特别是未腐熟的饼肥、畜禽粪、人粪尿等。因为这些肥料在温室大棚高温的条件下分解时会产生大量的氨气,对植物危害极大。

第三,尽量少施或不施副成分高的化肥,如氯化钾等;以及易造成浓度障害的肥料,如硝酸钾、氯化钾等。

第四,强调多施农家肥。农家肥不仅能提高地力,增加植物营养,增加二氧化碳,还可防治盐害。

(五)温室土壤管理要点

由于温室大棚土壤环境不同于露地,应根据温室大棚土壤的以上特点,从以下几个方面加强土壤管理。

1. 多施速效性肥料

在增施经过充分发酵腐熟的人粪尿、鸡鸭粪、牲畜圈粪等农家肥和过磷酸钙混合作基肥的基础上,追肥时尽可能施用一些速效性化肥,特别是营养元素全面而又不产生生理碱性、生理酸性的肥料。

2. 平衡施肥

根据所栽培的蔬菜种类对各种矿质元素的需求量及其比例,进行平衡施肥和配方施肥,以产量指标决定肥料用量。尤其对果菜类蔬菜,应注意增加钾肥的施用量。

3. 施用高效生物肥料

高效生物菌肥的共同特点是含有氮细菌、磷细菌或钾细菌。施用高效生物肥料,不但对土壤无污染,而且可使土壤微生物总量增加,改善土壤理化性状,提高土壤肥力,有利于作物的健壮生长、防病抗病及产品品质的改善。目前应用效果较好的生物肥料有复合生物菌肥、生物钾肥、绿源、绿灵宝、EM等。

4. 采用综合技术措施,防止温室内土壤发生盐类浓度障碍

第一,要避免盲目施肥。尽量选择不带副成分的肥料施用,如尿素、磷酸二铵、硝酸钾等。

第二,在温室闲置期施入农家肥后深翻地压盐;在夏季的温室闲置期灌水冲盐。

第三,在生产季节利用地膜覆盖,减少水分通过土壤毛细管的蒸发作用。

第四,对于土壤盐害严重的温室,可考虑温室的搬迁或室内换土。

5. 防止土壤连作障碍

温室内经常种植单一作物(同一种或同一科),时间一长

便会产生所谓的连作障碍。连作会导致土壤理化性质变坏,土壤中营养元素失去平衡,以及植物根系分泌毒素积累增多等,对作物造成危害。防止连作障碍的主要措施是土壤消毒和作物嫁接换根。

(1)土壤消毒

①**物理消毒**　利用太阳能在夏季温室休闲期进行土壤深翻暴晒。

②**化学药剂消毒**　温室土壤消毒用的药剂主要有福尔马林(即40%甲醛溶液)、氯化苦(三氯硝基甲烷或硝基氯仿)、溴甲烷(溴代甲烷或甲基溴)等。

福尔马林用于苗床土消毒的浓度为50~100倍水溶液。做法是:先将土壤翻松,将配好的溶液均匀喷洒在地面上,用量为100升水溶液/667米^2。喷完后再翻土1次,用旧塑料膜覆盖床面,5~7天后撤去。再翻土1~2次,充分放出土壤中残留的药液气味,即可用来育苗。

用氯化苦进行土壤消毒应在作物定植前或播种前10~15天进行。做法是:在温室地面上每隔30厘米扎1个10厘米深的穴,每穴注入3~5毫升氯化苦原液,然后覆膜。高温季节经5天、春秋季经7天、冬季经10~15天之后,揭掉薄膜。翻耕2~3次,经过彻底地翻倒土壤和通风,放出残留的药剂,才能定植作物,否则易出现氯气中毒。

用溴甲烷消毒过的土壤能杀灭病菌(对黄瓜疫病效果最好),对消灭杂草种子及消灭线虫的效果也较好。溴甲烷气化的温度比氯化苦低,可在低温季节使用。在对土壤全面消毒时覆盖要严密,防止漏气。做法是,将充有溴甲烷的钢瓶放在室外,瓶嘴接上软管并引入室内膜下,按每平方米40克充入溴甲烷。

冬季需覆盖 7 天,其他季节需要盖 3 天。在蔬菜生产上常用药土或药液进行消毒。常用的药剂和用量为每平方米苗床用 50%拌种双粉剂 7 克,或 40%五氯硝基苯粉剂 9 克,或 25%甲霜灵可湿性粉剂 9 克加 70%代森锰锌可湿性粉剂 1 克,掺细土 5 千克左右,拌匀。放好底水,水渗下后,取 1/3 药土撒到床面上,种子撒完后将剩余的 2/3 药土覆盖在种子上面,这就是所谓的"下铺上盖"。

除此以外,用臭氧发生器和多功能水等物理手段都可以对设施内土壤进行消毒。

(2)嫁接换根

用抗病的物种或品种作砧木,以栽培品种作接穗实行嫁接育苗,可防止黄瓜枯萎病、茄子黄萎病、番茄褐色根腐病等土传病害。

金盾版图书，科学实用，
通俗易懂，物美价廉，欢迎选购

根菜类蔬菜周年生产技术　　8.00元

绿叶菜类蔬菜制种技术　　5.50元

蔬菜高产良种　　4.80元

根菜类蔬菜良种引种指导　　13.00元

新编蔬菜优质高产良种　　19.00元

名特优瓜菜新品种及栽培　　22.00元

蔬菜育苗技术　　4.00元

现代蔬菜育苗　　13.00元

豆类蔬菜园艺工培训教材　　10.00元

瓜类豆类蔬菜良种　　7.00元

瓜类豆类蔬菜施肥技术　　6.50元

瓜类蔬菜保护地嫁接栽培配套技术120题　　6.50元

瓜类蔬菜园艺工培训教材(北方本)　　10.00元

瓜类蔬菜园艺工培训教材(南方本)　　7.00元

菜用豆类栽培　　3.80元

食用豆类种植技术　　19.00元

豆类蔬菜良种引种指导　　11.00元

豆类蔬菜栽培技术　　9.50元

豆类蔬菜周年生产技术　　14.00元

豆类蔬菜病虫害诊断与防治原色图谱　　24.00元

日光温室蔬菜根结线虫防治技术　　4.00元

豆类蔬菜园艺工培训教材(南方本)　　9.00元

南方豆类蔬菜反季节栽培　　7.00元

四棱豆栽培及利用技术　　12.00元

菜豆豇豆荷兰豆保护地栽培　　5.00元

菜豆标准化生产技术　　8.00元

图说温室菜豆高效栽培关键技术　　9.50元

黄花菜扁豆栽培技术　　6.50元

日光温室蔬菜栽培　　8.50元

温室种菜难题解答(修订版)　　14.00元

温室种菜技术正误100题　　13.00元

蔬菜地膜覆盖栽培技术(第二次修订版)　　6.00元

塑料棚温室种菜新技术(修订版)　　29.00元

塑料大棚高产早熟种菜技术　　4.50元

大棚日光温室稀特菜栽培技术　　10.00元

日常温室蔬菜生理病害防治200题　　9.50元

新编棚室蔬菜病虫害防治　　21.00元

稀特菜制种技术　　5.50元

稀特菜保护地栽培　　6.00元

稀特菜周年生产技术	12.00 元	题破解 100 法	8.00 元
名优蔬菜反季节栽培(修订版)	22.00 元	保护地害虫天敌的生产与应用	9.50 元
名优蔬菜四季高效栽培技术	11.00 元	保护地西葫芦南瓜种植难题破解 100 法	8.00 元
塑料棚温室蔬菜病虫害防治(第二版)	6.00 元	保护地辣椒种植难题破解 100 法	8.00 元
棚室蔬菜病虫害防治(第 2 版)	7.00 元	保护地苦瓜丝瓜种植难题破解 100 法	10.00 元
北方日光温室建造及配套设施	8.00 元	蔬菜害虫生物防治	17.00 元
南方早春大棚蔬菜高效栽培实用技术	14.00 元	蔬菜病虫害诊断与防治图解口诀	14.00 元
保护地设施类型与建造	9.00 元	蔬菜病虫害防治	15.00 元
园艺设施建造与环境调控	15.00 元	新编蔬菜病虫害防治手册(第二版)	11.00 元
两膜一苫拱棚种菜新技术	9.50 元	蔬菜植保员培训教材(北方本)	10.00 元
保护地蔬菜病虫害防治	11.50 元	蔬菜植保员培训教材(南方本)	10.00 元
保护地蔬菜生产经营	16.00 元	无公害果蔬农药选择与使用教材	7.00 元
保护地蔬菜高效栽培模式	9.00 元	蔬菜植保员手册	76.00 元
保护地甜瓜种植难题破解 100 法	8.00 元	蔬菜优质高产栽培技术 120 问	6.00 元
保护地冬瓜瓠瓜种植难		果蔬贮藏保鲜技术	4.50 元

以上图书由全国各地新华书店经销。凡向本社邮购图书或音像制品,可通过邮局汇款,在汇单"附言"栏填写所购书目,邮购图书均可享受 9 折优惠。购书 30 元(按打折后实款计算)以上的免收邮挂费,购书不足 30 元的按邮局资费标准收取 3 元挂号费,邮寄费由我社承担。邮购地址:北京市丰台区晓月中路 29 号,邮政编码:100072,联系人:金友,电话:(010)83210681、83210682、83219215、83219217(传真)。